孩子爱使小性子、闹情绪，妈妈怎么办

张晓云 著

中国妇女出版社

图书在版编目（CIP）数据

孩子爱使小性子、闹情绪，妈妈怎么办 / 张晓云著
. -- 北京：中国妇女出版社, 2017.1
ISBN 978-7-5127-1378-9

Ⅰ. ①孩… Ⅱ. ①张… Ⅲ. ①情绪—自我控制—儿童教育—家庭教育 Ⅳ. ①B842.6 ②G782

中国版本图书馆CIP数据核字（2016）第277781号

著作权合同登记号 图字：01-2016-8156

孩子爱使小性子、闹情绪，妈妈怎么办

作　　者：张晓云　著
责任编辑：肖玲玲
责任印制：王卫东
出版发行：中国妇女出版社
地　　址：北京市东城区史家胡同甲24号　　邮政编码：100010
电　　话：（010）65133160（发行部）　　65133161（邮购）
网　　址：www.womenbooks.com.cn
经　　销：各地新华书店
印　　刷：北京通州皇家印刷厂
开　　本：150 × 230　1/16
印　　张：12
字　　数：100千字
版　　次：2017年1月第1版
印　　次：2017年1月第1次
书　　号：ISBN 978-7-5127-1378-9
定　　价：29.80元

前言

不得不承认，现代父母花在孩子身上的金钱和精力，远比上一辈的父母多出好几倍。吃的、用的、穿的，要最好、最贵的；上最热门的才艺课，进教学质量最好的学校。

在孩子小的时候，父母在意他什么时候会坐、会爬、会走；大了之后，父母又担心他英文能力不如人、成绩差人一等。但一味要求外在成就，往往就忽略了对孩子而言更重要的情绪教养。中国人的个性压抑，显露太开心的情绪，怕被说是得意忘形；生气或伤心又怕遭到指责讪笑，所以只能闷在心里，不敢明确表达。

不管是开心快乐的正面情绪，还是失望愤怒的负面情绪，我们似乎都没有好好地教会孩子，应该如何去处理、面对，所以当他们遇到挫折和失败时，完全不知道该如何自处。个性内敛一点的孩子，可能选择压抑忍耐，直到心里闷出病来；个性外放的孩子，可能就用摔东西、打人甚至伤害自己来发泄，但当情绪过后呢？孩子学会如何解决问题了吗？当下一次再发生类似的状况，孩子是不是又只能用相同的方式宣泄情绪，却永远没有学到解决问题的正确方法？

曾经有研究机构针对孩子的情绪问题进行调查，结果显示，超过一半的孩子对现状感到烦恼，却只有1/3的孩子会寻求父母的协助。这代表大部分的父母在关注孩子学业成绩的同时，却忽略了父母最重要也最无可替代的责任，就是成为孩子情绪上的避风港，在他们开心快乐时陪着一起欢笑，在负面情绪来袭时带领孩子度过低潮。而这一次又一次的忽略，也等于是在家里埋下不定时的炸弹，孩子长年累月隐忍却不知如何排解的情绪，不知道何时会爆发。

明白了情绪课题在教养过程中的重要性，你是不是开始有点理解，为什么那些骇人听闻的社会新闻，并没有因为知识水平的进步而减少，反而还有逐年增加的趋势？

教养孩子不是只供给他们温饱和完成学业这么简单，教会孩子正确地管理情绪，才是身为父母的我们能给孩子这一生最受用无穷的宝物，一起学习如何教会孩子情绪不失控吧！

目 录

第1章

育儿过程中父母不要被情绪所控制

相信所有的父母一定都同意，孩子出生的第一年，绝对是最手忙脚乱的一段日子。好不容易适应多了一个孩子的生活，你却发现新的挑战接踵而来，因为孩子开始有脾气、懂得闹情绪了。

面对一个话说不太清楚、动不动就尖叫哭闹的小人儿，实在很难有父母能够做到完全不动怒的，于是你对孩子说话的音量变大了、耐性也变差了。

但更让人头大的是，孩子并没有因为你的严厉管教而收敛自己的行为，脾气还好似越来越差，碰到一点点不顺心的小事就大吼大叫，跟婴儿时期那个逢人就笑的小天使简直判若两人。

当你思考着究竟是哪里出了问题时，明明觉得该惩罚的都惩罚、该教的都教，为什么小孩还是怎么说都不听？你有没有想过，孩子之所以失控，或许就是因为身为父母的你们，先用失控的方式和孩子沟通，导致他们只懂得用这样的方式表达情绪。

家庭是孩子学会情绪表达的第一站，孩子更是反映父母行为的一面镜子。

父母若是永远只用情绪化的方式和孩子对话，那么孩子学到的沟通方式一定也是如此。

反之，如果孩子自小从爸爸妈妈身上学到的，就是好好说话、好好表达情绪，那么在陷入伤心、愤怒、失望这样的负面情绪时，孩子便会从过往和父母相处的经验中，慢慢习得情绪表达的正确方式。

所以，要想培养一个不乱发脾气、不使小性子、情绪稳定的孩子，父母得先学会控制好自己的情绪。

父母情绪失控对孩子的影响

虽然说每个孩子的气质和个性都是天生的，但不可否认，父母后天的教养方式，也是影响孩子个性养成的关键。

很多人总认为孩子年纪小，什么都不懂，大人的情绪失控对孩子而言没什么，但你知道吗？其实早在宝宝还在妈妈的肚子里，就能隔着羊水凭听觉感受自己身处的环境气氛了。

一、孕期准爸妈情绪对胎儿的影响

从宝宝在母亲体内成长开始，母亲每天的情绪就和宝宝息息相关。怀孕期间，宝宝每天通过脐带从母体获得的并非只有营养和氧气，对妈妈的情绪反应也是全盘接收的。妈妈心情愉快，宝宝在体内也能感受到；而当妈妈有负面情绪出现时，这些情绪会刺激体内肾上腺素的分泌，并且通过胎盘使得宝宝也处于不安之中。

更惊人的是，母亲对孩子情绪的影响从胎儿时期就开始了，甚至可能会影响到出生后，孕期母亲情绪持续低落，所生下的孩子其情绪稳定度不如母亲怀孕期间愉快平和所生下的孩子。由此可见，我们所说的情绪胎教不是没有道理的。

英国精神病学家的研究显示，孕妇的过度焦虑，不但可能引发胎儿健康的风险，也容易使他们在日后成长过程中，发生情绪和行为方面的问题。

为了孩子生理和心理的健康着想，母亲在怀孕期间要保持心情愉悦平静，而身为另一半的丈夫，也要尽可能地体恤太太怀胎十月的辛苦，给予孕妈咪精神上的支持与鼓励，毕竟另一半的体贴和爱，才是稳定孕妇情绪的最大力量。

夫妻之间感情的和睦与否，或多或少也会影响到腹中的胎儿。因为人在激烈争吵的状况之下，血管会收缩、血流也会加快，这对腹中的宝宝而言，都是不当的刺激。甚至有专家认为，这会使胎儿脑部产生一种不安的激素，造成胎儿的恐惧。争吵的声音，对听觉敏锐的胎儿来说，更无疑是一种噪声，怀胎十月一直都处于这种情绪中的宝宝，如果出生之后特别爱哭闹，也就不用觉得奇怪了。

所以从怀孕开始，准爸爸、准妈妈就要学习用理性、平和的沟通方式，取代情绪化的言语甚至肢体冲突，这不仅是对肚子里的宝宝好，而且夫妻间的感情也不会因为长期的争吵而磨损。

不过为人父母的情绪课题，其实在宝宝出生之后，真正的考验才算开始……

二、新手父母的情绪对宝宝的影响

许多父母满怀欣喜，期待宝宝的到来，怀孕期间不知在脑海中幻想过多少回，要用什么样的方式教养自己的孩子。但事实是，照顾新生儿的疲累，很快会掩盖一开始迎接新生命的喜悦。毕竟新手父母除了睡眠不足之外，还要照顾哭闹不休的宝宝，生理、心理两方面的压力排山倒海而来，情绪会失控是难免的，更遑论还有余力去顾虑，自己该用什么样的语气和态度面对宝宝和另一半。

尤其是宝宝出生后的头3个月，是新手父母最手忙脚乱、情绪最容易失控的时候，初为人父、人母的煎熬和考验，更有可能让夫妻之间变得冲突不断，导致宝宝从出生开始就在充斥着争吵声的环境下成长，这对孩子的性格和情绪养成都有一定程度的伤害。

不要以为这么小的宝宝什么都不懂，其实宝宝从一出生被母亲抱在怀里吸吮母乳的这个动作，就可以使他们通过与妈妈的肌肤接触，稳定刚脱离母体的不安情绪。

美国加州大学和纽约大学也曾在心理期刊发表过一篇相关研究，研究结果指出，婴儿可能通过触觉、母亲说话的语调或脸部表情，甚至是气味，来感受母亲的情绪变化，所谓的母子 / 母女连心，可以说就是这个道理。虽然爸爸不像妈妈那样可以通过类似喂母乳等肢体接触给予宝宝安全感，但爸爸的情绪稳定与否，也是影响孩子心理状况的关键。

已经有多项研究结果指出，**在父亲持续陪伴和照顾下长大的孩子，会比缺乏父爱的孩子更有同理心和慈悲心。**而成长过程中少了父亲关爱的孩子则比较容易产生情感障碍，如缺少安全感、容易焦虑、具有攻击性等。

所以这个时代的父亲不能再像过去那样，抱着“男主外，女主内”的传统想法，认为育儿是母亲的责任，身为爸爸只要负责赚钱养家就好，毕竟孩子是夫妻双方爱的结晶，任何一方都不应该在教养这条路上缺席。

可惜的是，大部分人都认为新生儿只需要吃饱、睡好就行，却忽略了新生儿时期是父母与宝宝之间建立默契与信任基础的最佳时期。假使爸爸或妈妈其中一方，动不动就对宝宝的哭闹流露出厌烦或生气的态度，不但没有办法让宝宝停止哭泣，反而会让宝宝心生畏惧，造成亲子间的疏离感。

而对于同属育儿新手的另一半，即使对方照顾宝宝的做法或观念和自己有很大的出入，也不要急着指责或纠正，毕竟在这段时间，新手爸妈最需要的是另一半的陪伴与体谅，情绪化的责怪与唠叨只会让彼此在承受睡眠不足的生理煎熬之余，受到沮丧和怨怼的心理折磨，连带地影响到自己面对宝宝的情绪。

新生儿时期可以说是最折磨人的一段时光，但**假使爸爸妈妈能以稳定的情绪度过，把握这个时期，建立起宝宝对自己的信任和依赖，那么对于日后亲子间的相处，会有很大的帮助。**

三、成长过程爸爸妈妈的情绪对孩子的影响

随着孩子日渐长大，你一定会发现他们越来越有自己的想

法，个性特质也越发鲜明，情绪表达更是强烈和多样。孩子开始会用言语表达自己的需求，不再像婴儿时期那样，只能被动地接受大人的安排，当然也会对爸爸妈妈订下的规范和限制产生疑问甚至不服。

许多父母不明白孩子有这种转变是因为他们正在长大，自我意识自然也跟着增强，他们甚至会把孩子这些行为，当作故意和父母作对，以致无法平心静气地看待孩子这段成长必经的过程，自己在面对孩子时也很容易情绪失控。

比较常见的状况是，孩子已经在发脾气、哭闹了，旁边还伴随着父母失控的咒骂："吵死了，到底还要哭多久啊？""再哭我就揍你！"说这些话不但没有办法替孩子解决问题，其实也是在教孩子用情绪化的方法沟通对话。情绪失控再严重一点的父母，就是拿孩子出气，把工作不顺以及对另一半的怨恨，一股脑儿发泄在孩子身上，动辄体罚打骂。社会新闻里让人看了摇头叹气的虐童事件，就是因为照顾者自己的情绪管理出现问题，才会连累伤害了无辜的孩子。

父母情绪失控不但不能给孩子良好的身教示范，爸爸妈妈时好时坏的心情，还会让他们感到无所适从。因为他们永远不知道，什么时候又会触动爸爸妈妈的情绪火山，招来一顿责罚打骂。不知不觉中，孩子便会选择和父母保持距离，以策安全，以免一不小心又激怒父母。而父母无缘无故对孩子发脾气，不仅会让孩子没有安全感，还会怀疑父母对自己的爱。

孩子也会在潜移默化之中，跟父母学会用一样的方式宣泄情绪，这伤害的不只是亲子关系的和谐，孩子长大之后的人际关系，也会受到相当程度的影响。长期处在这种家庭氛围中的人，会变得没有自信，不善于控制自己的情绪，容易对身边的人发怒、生气。

国内外不少的研究调查都证实了，经常受父母体罚的孩子，比较容易有攻击的行为。所以新西兰、以色列、德国、芬兰等西方国家，早已颁布禁止体罚的法律。可惜的是，东方父母深受“不打不成器”这种错误观念影响，总认为孩子做错事就是要“修理”，但在你出手的同时，请确认自己是心平气和的管教，而不是打孩子发泄心中的压力。

如果没有把握确认这一点，为什么要让自己情绪失控，不仅伤害了亲子之间的关系，还在无形之中做了最不恰当的身教示范呢?

管理情绪先从父母做起

父母是孩子出生之后最先接触到的人，对孩子的影响绝对是一辈子的。**你控制自己情绪的样子，就是孩子日后控制情绪的方式。**

很多爸爸妈妈在孩子哭闹时，总是气急败坏地吼：“吵死了！再哭我就揍你！”“烦不烦啊？还要哭多久？”

你或许只是想发泄自己被哭声吵得无法休息的烦躁郁闷，所以想也没多想地说出了这些话，但是你有没有想过这些充满怒气的言辞，教会了孩子什么吗？

“我觉得烦或生气的时候，可以大声地咒骂别人，因为爸爸妈妈就是这样！”

“弟弟妹妹真的好吵啊！揍他们一顿应该就闭嘴了！”

发现了吗？孩子不是故意变成张牙舞爪的小恶魔的，是身为父母的你们，在不知不觉中把这样的信息和解决方法传递给了孩子。当你每次斥责孩子时，为什么总是用大吼大叫的方式表达情绪？有没有回过头来看看自己生气时的模样？

情绪稳定的父母能为孩子建立比较稳固的安全感，因为他们知道不管发生什么事，爸爸妈妈都不会无故生气，说出“我不要你了”“再哭就把你扔掉”这种话，他们相信，爸爸妈妈对自己的爱是不会改变的，这也是为什么说情绪稳定的父母，才能教出情绪稳定的孩子。

所以，**想要孩子用正确的方式控制情绪，做父母的得学会控制好自己的情绪。**其实这没有你想象中那么困难，你可以试着朝以下几个方向调整自己，相信会有很不一样的改变。

一、察觉情绪，诚实面对自己的感受

现代父母生得少，每个孩子都是捧在手心里的宝，再加上育儿观念随着时代不断在进步，已经有越来越多的父母认同，打骂教育无法进行理性、有效的亲子沟通，所以他们生怕在孩子面前显露一点点负面情绪，担心自己只要生气了，就是不称职的父母，因为“我让孩子看到爸爸妈妈生气了”。

但事实上，情绪是人与生俱来的各种心理状态，所谓情绪管理得当的父母，并不是压抑地要自己绝对不能生气或难过，而是应该调整自己身处负面情绪时的处理方式。

允许自己有负面情绪，不代表你就是不完美的父母。

你可能今天在公司被老板骂、受客户刁难了，回到家后只想躺在沙发休息一会儿，孩子再平常不过的玩闹声，却让你一听就心烦；也可能正在厨房忙进忙出准备晚餐，客厅里的小孩却哐啷一声打破杯子了。

这些平时看来鸡毛蒜皮的小事，在你特别疲累的时刻，都可能是引爆你心中那座火山的导火线。

当你感觉自己快要发怒时，先深呼吸几次并同时在心中默数几秒钟，这几个动作能够让你愤怒的稍稍获得平缓。如果试了几次，发现自己还是无法冷静，那么建议爸爸妈妈先远离眼前这个让你失控的情境。

毕竟都失去理智的亲子双方绝对没有办法做出理性的沟通，倒不如让自己和孩子都有时间和空间冷静。你可以直接坦诚地告诉孩子："爸爸妈妈情绪快失控了，我需要到旁边冷静一下，等我比较平静了，再回来跟你讨论这件事。"

这并不是教你逃避和孩子的沟通，而是让你们双方都有喘口气的时间。你要找出能让自己心平气和的方法，或许是喝杯水，或许是和孩子分头在各自的房间里独处几分钟，或许是来回踱步直到情绪缓和下来。如果父母自己都已经濒临失控边缘了，还要面对眼前暴怒的孩子，结果通常是双方怒吼对峙，更别谈什么理性沟通了。

所以当你感觉负面情绪朝自己席卷而来时，大可以直接表明，让孩子知道："妈妈今天已经很累了，我们快点洗好澡上床睡觉吧！""爸爸现在心情很糟，需要安静一下。"这其实也是在教孩子诚实面对自己的情绪，毕竟要先有面对自己情绪的能力，才能进一步学习如何处理负面情绪。

二、用理性交流取代情绪化责罚

中国人自小受权威式教育的影响，明明是关心、疼爱孩子的，却不习惯用正向言语表达情感。看到孩子摔跤，心里其实很紧张，生怕他有什么闪失，说出口的却是：“这么大的人了，走路也会跌倒！搞什么鬼！”孩子汤碗没拿好，热汤洒了一身，爸爸妈妈担忧的是孩子可能被烫伤了，嘴里说的却是：“你的手是用来做什么的？一个碗也拿不好？”即使说这些话的出发点都是为了孩子好，但这种负面的话语听久了，相信任谁心里都会觉得不好受。即使父母的叨唠和责备全是出自关心和爱，一旦用情绪化的口吻表达，对孩子而言就是挨骂。

这种总是用责备代替关心的教养方式，可以说是中国父母长久以来在教养上的误区。你可能认为用骂的方式才能让孩子记得下次走路要小心、端汤要注意。但你想过吗？**一个在成长过程中总是受到父母责备、否定的孩子，不但无法建立自信，更会怀疑父母对自己的爱。**

“我跌倒了，爸爸妈妈不是关心我有没有受伤，而是骂我不小心。他们是不是不爱我？”

“爸爸妈妈骂得没错，我连一个汤碗也拿不好，我真的就像他们讲的一样，是个笨蛋吧！”

你脱口而出的几句责备，孩子不只是听听而已，他们是会放进心里的。

如果你的说法是："走路小心一点儿，跌倒受伤了，爸爸妈妈会很担心。""碗打翻了？有没有烫到？没关系，下次拿稳一点儿就好，去拿抹布擦一擦吧！"

这种正向的说话方式，不但孩子容易听进去，行事变得格外小心谨慎，他们也能在一字一句间，感受到父母的关心与爱。而且远比总用责备的口气表达关心，最后却换来孩子受伤或反驳和抵抗来得让人好受。

调整对孩子的说话方式，一段时间过后，你会发现自己面对孩子时，易怒的情绪也会跟着缓和许多。

三、父母也需要情绪出口，适时让自己休息

爸爸妈妈不是万能超人，再怎么有耐心的父母，整日周旋在工作和家务之间，绝对都会有疲累和低潮的时候。这个时候如果你还硬逼自己继续苦撑下去，结果很可能就是让自己像绷紧的弦一样，因为太过劳累，心理上容易失去理智、生理上身体易于疲惫。

相信你一定也会认同，父母双方生理、心理的良好状态，是

维持一个家庭和谐运作的基本条件。所以建议你不妨和另一半协商好轮流照顾小孩的时间，适时让彼此在被家务或工作压得喘不过气时，能有短暂休息放空的时间。

在这段完全属于自己的休息时间里，你可以做任何你想做的事，也许只是喝一杯咖啡、看一本自己想看的书、浏览一下熟悉的网站，即使只有短短一个小时也好，你会发现这样固定的休息模式，才能够真正让你抛开恼人的琐事，达到真正的放松。

许多妈妈因为不放心将孩子交给爸爸照顾，所以把育儿大小事通通揽在自己身上，结果就是孩子越来越黏妈妈，小至换尿布、喂奶，大至洗澡、陪睡，凡事非妈妈不可。妈妈更是被这些琐事压得喘不过气，任凭你有再浓烈的母爱，也很容易因为疲累导致情绪失控。

当有一天孩子长大了，不再像幼时那样时时刻刻需要母亲的照顾，这种类型的妈妈往往也是最容易感到失落、空虚的一群。另一方面，先生也因为太太的不放心，无法参与照顾孩子的过程，时间久了，不仅夫妻之间的关系渐行渐远，爸爸与孩子之间，同样会有一道跨越不了的高墙，怎么也亲近不起来。

不要认为放下另一半和孩子而自顾自地休息是一种自私的行为。工作压力大时，你会认为放下工作、安排休假旅行是理所当然的，为什么升格为父母之后，放下另一半和孩子，喘口气休息一下，就是不应该的呢？

短暂的充电放松，不但能够让你重拾对生活的热情，另一半也能在这段单独照顾孩子的时间里，体会到彼此的辛苦，不是一件两全其美的事吗？

四、分析自己容易失控的状况并找出解决之道

静下心想想，自己在什么样的状况之下最容易盛怒？

是早上起床、全家人赶着上班、上学的时候？还是听到孩子高分贝的哭声、吵架声时？抑或是在公司开一天会，拖着疲累的身躯回到家，打开门面对孩子和另一半的那一刻？

你甚至可以分析一下，自己一个礼拜之中，在哪一天、哪一种情境下特别容易生气。

了解容易让自己情绪失控的情况，你就可以针对具体情况找到解决之道。

比如在早上赶着出门的时候你最容易失控，那么解决方法也许就是提早叫孩子起床，或是前一晚先将早餐备料完成，缩短隔天早上料理的时间，是不是就不会那么手忙脚乱？自然可以从容平顺地把自己和孩子送出家门；又或者你在公司会议安排最满的那天，情绪就会特别差，那么当天回到家打开家门前的那一刻，是不是可以先提醒自己深呼吸几次再进门，让焦躁的情绪稍稍平缓一点后再开门？

当你找到的解决方法越多，就越容易避开那些容易导致自己情绪失控的情境，这样面对孩子的心情和脸色自然也会和谐许多。

五、不要让孩子的行为表现左右自己的情绪

在你失控过后，有没有冷静想过，让你大发雷霆的原因，是孩子真的犯错了，还是他们的行为没有达到你的预期？

你因为孩子打翻一杯水而发怒，是你认为打翻水的行为应该受到惩罚，还是只因清理起来太麻烦？

你因为孩子考试成绩不够理想而生气，但真的让你失控

的，是成绩单上的数字，还是你担心亲友邻居的炫耀比较？

你因为孩子把玩具弄坏或搞丢，心情奇差无比，但让你耿耿于怀的是孩子的不小心，还是因此损失的金钱？

不会有孩子故意犯错招惹父母责骂，所以在你认为孩子行为不当，正准备好好教训一番时，不妨给自己几秒钟的时间想想：“不过是打翻一杯水，事情真的严重到需要责难处罚吗？”“这次考试的成绩这么不理想，是题目超出孩子能力，还是因为他没有用心准备？”

当你把焦点放在教孩子如何解决问题，而非被他们的行为表现左右情绪时，你会发现自己好像没有那么容易生气了。因为与其把时间花在对孩子情绪化的咆哮，不如陪他一起找到解决办法。

很多父母总是在情绪失控过后，才开始后悔自己对孩子太凶，你可能以为发完脾气之后，若无其事地再和孩子相处就好，却不知道孩子的自信心和安全感在无形之中，已经因为你一次次的情绪失控，一点一滴地消磨减少，这种成长过程中承受的不安和恐惧，甚至会影响到他们长大成人之后的人际关系。

就是因为这样，父母只有先学会做自己情绪的主人，才能成为孩子情绪控制的榜样。情绪控制并不是要父母对孩子隐瞒自己真实的感受，而是要能够在自己心情低落或认为孩子表现不得体时，通过合适的方法舒缓负面情绪，这绝对是你们能给孩子树立的最佳榜样，也是做好父母的重要前提。

学会情绪管理，绝对是为人父母必修的第一堂课！

第2章

了解情绪，才能更好地帮孩子掌控情绪

所谓情绪，指的是人喜、怒、哀、乐、惧怕、厌恶等各种心理状态，是每个人与生俱来的情感反应。

研究显示，6~9个月大的宝宝开始出现喜、怒、哀、乐等原始情绪，正是因为情绪是与生俱来的，因情绪而生的行为反应才会那么直接，如开心会拍手、愤怒会大叫、伤心会大哭等。

所以说，不是不能有情绪，而是要在适宜的情境下，用最合适的方法表达情绪。

有专家认为，6岁以前的情感经验，对人的一生具有恒久的影响。如果一个人总是出现负面情绪，却又没有通过正确方法有效地排解，时间一长就会产生持久的负面影响，进而影响他的身心健康与人际关系的发展。

因此在情绪开始萌芽的幼儿时期，家长有一项很重要的工作，就是及早教会孩子认识情绪，进一步正确地管理情绪。

孩子得先了解自己的情绪反应，才能进一步去理解他人的情绪，可别小看这些过程，这都和孩子将来的人际关系和学习能力大有关系。

如果一个人无法有效管理自己的情绪，心情总是大起大落，这一秒还开心大笑，下一秒可能就因为一点小事暴走怒吼，这样的人我们就可以说是情绪化。不管在学校还是在职场，一个情绪化的人，都会让旁人觉得相处起来有压力，这样的人身为下属，会让同事、上司都敬而远之，即便有再好的工作能力，也会因为情绪化这个包袱，让上司无法完全信任他能够担负重任；而一个情绪化的上司，则会让下属因为他的喜怒无常感到无所适从，办公室的氛围就像跨越雷区一样充斥着高压与紧张。有句话说："做人比做事重要。"其实就是这个道理。

要想学会如何有效管理情绪，第一步就得从了解情绪开始。

情绪发展的阶段

如同前面所说的，情绪是每个人与生俱来的情感反应，所以即使只是出生几天的新生儿，也会有心情上的波动，情绪上的各种反应，比如说，吃饱会露出满足的微笑，肚子饿了或胀气不舒服时会生气地哭闹等。随着年龄增长和表达能力的提高，不同年龄阶段的孩子会发展出不同的情绪反应。

研究结果显示，人类大脑中掌管控制力、理解力的前额叶，要到十七八岁才算发展成熟。假使以这个观点来为情绪发展的阶段做分类，大致可以分为以下几个阶段。

一、出生前阶段

你相信宝宝在孕妈咪肚子里就会发脾气了吗？是的，也会发脾气，这可是有研究证明的。

有专家发现，从孕妈咪怀孕第4个月开始，肚子里的胎儿就会因为感官神经受到刺激，进而促进脑神经的成长和联结，在大脑出现所谓的记忆痕迹。6个月大的胎儿偶尔会出现发脾气的情形，由此可见胎儿在智力和情感上发展的速度，远比我们想象的早了许多。

因为这样的发现，近年来有许多专家鼓励准爸爸、准妈妈从宝宝还在肚子里时，就开始对他进行情绪胎教。

这里指的胎教，并不是将教育胎儿成为天才宝宝当作目标，而是要准爸爸、准妈妈们在胎儿成长的过程中，尽量排除忧愁、焦虑这样的负面情绪，这样胎儿才能在情绪平和、稳定的心理状态下成长直至出生。

尤其是怀胎十月与宝宝紧紧相连的孕妈咪，其情绪反应更是对胎儿有直接的影响，这关系到的不仅是胎儿在母亲肚子里的成长环境，甚至会影响到宝宝出生后的个性特质。

所以别再以为怀孕过程中，胎儿听不到也感觉不到，事实上，他们的情绪发展早在妈妈感觉到胎动之前，就已经展开了。

二、婴幼儿期

确实有研究证实，才出生几个小时的新生儿，就已经会模仿一些脸部表情和手势，并通过这样的模仿行为，逐渐发展出同理心。

头几个月的宝宝只有高兴、满足、惊吓、厌恶、生气等这些较单纯的情绪，所以吃饱时会露出满足的表情，肚子饿或排便了，会因为厌恶或生气哇哇大哭。

差不多到6个月大时，大部分的宝宝会开始认生，也就是对主要照顾者产生依赖感，只要离开主要照顾者的身边，就会感到害怕不安。有学者认为这种所谓的依恋关系会持续到孩子1岁至1岁半，所以假使要更换孩子的主要照顾者，最好避开这段分离焦虑比较严重的时期。

有的父母以为宝宝还小，对更换保姆不会有什么感觉，但事实并非如此，早就有心理学的研究证明，婴儿对主要照顾者会产生情感联结和依恋关系，而人类生理、心理的成长，更可以说是依赖着依附关系逐渐发展的。所以**在依恋关系上获得足够安全感的孩子，长大后的人际社交和情绪发展，都会比较积极、顺利。**

婴儿时期的生理需求大于心理需求，宝宝的哭闹也大多跟生理需求有关，但满周岁之后，孩子的情绪会随着心智和年龄的渐长而发展。

不只情绪发展更加多元，体验到更多复杂的感受，如嫉妒、骄傲、害羞等，宝宝的自我意识也逐渐增强。很多父母在孩子过了周岁之后，除了惊叹他们表达能力的大幅进步之外，也常常为孩子动不动就闹情绪大哭的行为而头疼。如果在婴幼儿时期，父母对孩子的情绪转变是责备禁止，而非接纳引导并教会孩子如何正确表达情绪，那么长时间下来，孩子闹脾气的模式只会越演越烈。婴幼儿时期，孩子也逐渐离开父母怀抱进入幼儿园了，在团体生活中与老师、同学的相处情形，也是影响孩子情绪好坏的一大关键，所以在孩子进入幼儿园之后，家长也要和老师、校方保持密切联系，关心孩子的适应情况、在校的行为表现、上学的情绪是否积极，不要认为把孩子送去上学，教育孩子就完全是老师的责任了。

除了进入团体生活，有些孩子也会在婴幼儿时期面对家中第二个孩子的降临，原本独享父母关爱的大宝，会对弟弟妹妹产生嫉妒的情绪。建议爸爸妈妈在面对大宝因为吃醋、嫉妒产生的负面情绪时，不要一味地禁止斥责，最好的做法是给足大宝安全感，让他明白爸爸妈妈并没有因为弟弟妹妹的到来而减少对他的爱。

在婴幼儿阶段，孩子接触的环境、主要照顾者的教养方式、与父母之间互动的方式，都和他们的情绪发展有密切关系。为人父母者应该把握这段时光，替孩子建立起安全稳固的情感模式，为其他心智能力的发展打下良好的基础。

倘若你发现孩子一哭闹就很难停下来，一生气就容易攻击他人或破坏东西，脱口而出的话多半是负面情绪的诅咒或嘲笑等，就要特别注意孩子是不是可能有情绪障碍的倾向。

必要时带着孩子求助于专业的儿童心理医生，不要担心丢脸，或不愿正视孩子的情绪问题，拖延不肯就医，假使错失了6岁前的黄金改善期，孩子的情绪问题会影响到他进入小学之后的身心发展，相信这绝不是身为父母的你们乐于见到的。

三、儿童期

所谓的儿童期指的是6~12岁的学龄期，对这个阶段的孩子来说，家庭、学校、同伴在他们情绪发展的过程中，都扮演着极其重要的角色。

告别以游戏活动为主的婴幼儿期，儿童期的孩子进入以学习为主的校园生活，环境上的变化，也会连带地影响到孩子的心理。他们一方面还保有幼儿期的心理状态，另一方面又因为生活环境的改变，而导致性格和思考方式也有所不同。毕竟进入小学之后，孩子除了要适应新环境，也要学习遵守团体规范，并和同学展开新的人际交往，再加上小学的学习方式和幼儿园的开放式教学也是很不一样的。

假使在这段过渡期里，家长和老师只看重孩子的学业成绩，却忽略了孩子情绪上出现的焦虑紧张或种种不适应，那么孩子将会变得更加无助与受挫。

儿童期的孩子也因为进入校园生活的关系，同伴的影响力会渐渐发挥作用，对这个阶段的孩子而言，家庭的重要性仍旧存在，但同伴团体的重要性也开始增加，他们会越来越在意同伴说的话，也会因为与同伴争吵而感到失落难过。

不少研究证明，在小学阶段不被同伴所接纳的儿童，到了青少年期可能会有犯罪、逃学、情绪出现问题等现象产生。

可见孩子进入校园生活的这个过程，是他们成长阶段中重要的里程碑，爸爸妈妈要谨慎留意孩子的情绪状况，若孩子变得恐惧上学、脾气突然暴躁失控，都是情绪出现问题的警讯，家长切勿认为儿童期的孩子，已经不再是需要爸爸妈妈随侍在侧的小baby了，就忽略了应该给予的关心。

如果说婴幼儿时期的情绪教育，是为每个人一生的人格发展打下稳固的基础，那么**介于婴幼儿时期与青少年时期的儿童期情绪教育，可以说是让他从懵懂无知的孩子成为熟谙世事的成人，且拥有健全人格的关键，**不管是哪个成长阶段，父母的情绪教育都是同等重要且不容忽略的。

四、青少年期

步入“孩童以上，成人未满”的青少年期，孩子不管生理还是心理上，都将面临重大的转变。他们可能这一秒还开怀大笑，下一秒就因为旁人的一句话动怒翻脸、情绪低落，有人甚至将青少年期称为“情绪风暴期”，由此可见，这阶段的孩子在生理、心理上所遭遇的变化有多么巨大。

在心理上，他们知道自己不能像孩童时期那么幼稚了，却又不像大人那样成熟，所以容易产生沮丧、挫折、焦虑、不安等负面情绪。他们的情绪反应直接且强烈，控制能力却仍不稳定，所以常常对父母脱口而出“烦死了！你真啰唆！”“别管我！”“说了你也不会懂！”这类愤怒抗拒的话。

这时候如果父母无法用理解的态度和孩子相处，只一味地责骂，强迫压抑孩子那些不礼貌的言行，那么亲子间的冲突恐怕只会越演越烈，孩子甚至还会因此抗拒回家，向外寻求发泄管道，所以青少年时期也是孩子最容易出现行为偏差的时期。

体内激素导致的生理变化，也会让青少年开始注重外在形象，在意自己长了胡子算不算帅、脸上的痘痘是不是很丑、开始出现的第二性征会不会遭到同伴取笑或吸引异性目光。

对于逐渐脱离家庭迈向独立的青少年而言，他们和父母相处的时间开始减少，取而代之的，是一起求学或参与课后活动的同伴，同伴对孩子的影响力在青少年阶段达到高峰。

曾有一家杂志社针对初中生进行调查访问，发现有近八成的青少年，觉得自己有烦恼，而人际关系正是仅次于升学压力让他们感到困扰的重要因素。

这个阶段的孩子，表面上看起来好像没那么需要父母了，但事实上，他们渴望与父母保持情感联系的需求并没有改变，青少年阶段的孩子一方面寻求独立，另一方面却又害怕失去父母的爱。

对于青少年期的孩子，父母不妨放下管教的身段，改成以理解陪伴的态度，用心去感受孩子目前的生活，了解他崇拜哪个偶像，他在学校里最拿手的项目是什么，他最近的穿着打扮是在模仿哪个明星，等等，这些理解支持的言行，都代表了父母对孩子的肯定与关心，非常有助于培养孩子的情绪稳定度。

因为年龄不同衍生出来的情绪阶段，也是一个人从幼稚走向成熟的心路历程。了解这段不算短也不算容易的情绪变化过程，对于孩子偶尔的无理取闹和情绪失控，你是不是更能多一点包容和耐性了呢？

影响情绪的因素

许多人常常情绪一来就无法控制地暴怒，等脾气发完却不知道自己究竟为什么发怒。

原因就在于他们根本无法冷静地厘清自己的感觉，只知道自己很生气，却不知道是哪一个点让自己爆发，所以总是不明就里地发了脾气，周遭的人也连带受到波及。他们情绪过后也许又像没事一样，但当下一次负面情绪朝自己席卷而来时，又是重蹈覆辙地胡乱发一顿脾气，这种阴晴不定的个性长年下来影响的不仅是职场上的人际关系，甚至会伤害和自己最亲密的家人。

而一个人要想掌控自己的情绪，前提就是先明白自己的感觉，了解可能影响情绪的因素有哪些。

一、先天的气质影响情绪

这里所指的气质，并不是我们平常所说的言行举止优雅，而是指宝宝天生的行为模式，如情绪表达方式等。每个人都是独立的个体，也带着属于自己的个性特质来到世上，有的人天生就比较温和内敛，有的人则是冲动易怒。

美国的两位医师A. Thomas和S. Chess早在1956年就开始对儿童的先天行为进行长期的追踪研究，最后将人类的先天气质分为9个向度，了解这9个气质向度之后，或许你对孩子的某些行为和偶发的情绪失控更能包容接受。

◆活动度：指一天内婴幼儿表现出来的所有动作。活动度高的孩子，睡眠较少，成天都蹦蹦跳跳；活动度低的孩子，不喜欢太耗体能的活动，动作可能也比较慢。

◆规律性：指婴幼儿一天的活动行为在时间上有如闹钟般精准。规律性高的孩子，从婴儿时期的生物钟可能就很准确，但不太能接受临时的变动；规律性低的孩子常常不按套路出牌，让父母猜不透他下一步想做什么。

◆趋避性：指孩子初次面对新事物时的态度。趋避性高的孩子比较大方、不怕生，趋避性低的孩子则因为面对陌生的人、事、物而害怕不安，通常要花上较长的时间才能感到自在，父母要多花些耐心陪伴。

◆适应力：指孩子经过趋避反应的适应情形，趋避性高不代表适应力一定好，有的孩子害羞内向（趋避性低）适应力却很好。

◆情绪本质：指孩子一天之中表露在外的情绪是属于正向还是负向的。情绪本质好的孩子，成天笑脸迎人、乐观开朗；情绪本质不好的孩子因为常出现负向情绪，容易被误解为不好相处。

◆注意力分散度：指孩子投入一件事的专注程度，孩子是否容易被外界刺激，如声音、光线、人、事物所干扰而改变他正在进行的活动。

◆坚持度：指孩子正在做某件事情，遇到外力的阻碍或困难时，是容易坚持下去还是轻言放弃。坚持度高的孩子，虽然遇到挫折不容易放弃，但是对于自己提出的不合理要求，也会固执不肯妥协，这一点会让父母颇为头疼。

◆反应强度：指孩子对于内在刺激和外在刺激所表现出来的

行为反应。反应强度高的孩子，可能因为身体的一点点小病痛就呼天抢地，但相对地他们观察力也比较敏锐，让父母觉得贴心；反应强度低的孩子就是我们常说的“神经大条”，某方面看起来烦恼比较少，但也可能因此容易忽略别人的感受。

◆反应阈（敏感度）：指引起宝宝反应所需要的刺激量，多表现在视觉、听觉、味觉和嗅觉的感官上，除了生理上的感觉，还有一种“社会觉”，即察言观色的能力。

看完上述9大气质向度之后，你是不是对下面这样的问题就能释怀了？如：“为什么我家孩子好像永远有用不完的精力？”“为什么别人家的宝宝逢人就笑，我家宝宝一带出家门就大哭？”先了解家中宝宝的天生气质，父母会更明白该用什么样的方式引导教养，亲子之间情绪失控的频率相信也会降低许多。

二、生理状态影响情绪

生理失衡绝对会影响情绪，毕竟身体的感觉是最直接、最无法掌控的，生病的时候，身体就会虚弱无力，病痛的折磨更是让你心情愉悦不起来。

还有一个最生活化的例子，就是有些女性朋友在生理期时情绪波动特别大，这也是有原因的。因为生理期时，体内分泌的激素会间接影响大脑分泌的化学物质，使得有些人对心理压力和社会压力的敏感度变得更高，可能一点点小事就容易暴怒或大哭不止。

假如一个人长期处于愤怒、紧张、害怕的负面情绪里，时间久了，身体健康也绝对会出问题。在急躁盛怒时，体内肾上腺素的分泌会增加，因为负面情绪产生高浓度的压力激素，容易引起心跳加快和血压增高，增加罹患心血管疾病和高血压的风险。

哈佛大学曾做过一项调查：高达90%的病，源于人们的内在情绪。不只如此，这个调查有个更惊人的结果，就是大部分癌症病人与父母的关系不好，且长期累积了过多的负面情绪，这证实了健康和情绪确实是息息相关的。

所以，想要有好情绪，身体健康绝对不能忽视。下面几点是日常饮食习惯方面的建议，不但对身体健康有益，也有助于稳定情绪。

◆适度为身体补充水分：缺水会让身体疲倦甚至头痛，连带影响情绪。

◆有几项抗压食物是专家认为有助于稳定情绪的，如深绿色蔬菜、全谷类、葡萄干、南瓜、香蕉。

◆少喝含咖啡因的饮品，少吃含食品添加物、人工色素的零食：咖啡因的刺激性会使发育中的孩子容易躁动，尤其是睡前6小时，建议不要再喝可乐、茶、可可这些饮品，以免影响睡眠质量；化学合成的食品添加物和人工色素也被证实容易引起儿童多动及注意力不足，最好少吃为妙。

◆吃糖适可而止：2013年的一项调查，发现过量的糖分不仅会造成肥胖问题，一周喝5罐以上的汽水，甚至还会影响情绪、引发暴力倾向、减缓孩子生长速度。

三、原生家庭教养方式影响情绪

有科学家认为人的性格情绪，一半来自遗传，一半来自后天。**原生家庭对孩子而言，虽然是先天无法选择的环境，但父母的教养方式，则是后天造成孩子情绪变化的主要原因之一。**

其实这不难理解，想想那些总是在公众场合大声哭闹的孩子，他们最后换来的，不是父母失控的怒骂甚至体罚，就是父母为了息事宁人，一次又一次地妥协顺从。

这些父母的想法很简单，就是快点让孩子停止胡闹，免得烦人又丢人，所以选择用最简单、最不费时的方式禁止孩子表达情绪。但他们不知道，这样的教养模式并没有让孩子学会如何面对情绪来源，更遑论理性地处理解决，以致那些恼人的行为只会一而再、再而三地反复发生，甚至影响到他们日后脱离家庭进入团体生活的人际关系。

现代的父母什么都想给孩子最好的，砸钱不手软地让孩子就读所谓的名校，跟健康或开发脑力有关的商品再贵也舍得掏钱，竭尽所能地把所有的金钱资源都投注在孩子身上，但教养真的只有这样而已吗？你以为把最好的给了孩子，但有没有用心陪伴和倾听？在他因伤心生气而不知所措时，你是耐着性子陪他找出原因，还是嫌麻烦地叫他闭嘴，甚至直接把他带去买玩具，花钱打发讨他欢心？

家庭是孩子出生后接触到的第一个成长环境，父母的说话方式、处理负面情绪的行为态度，孩子是自小就看在眼里，也是潜移默化地放进心里，进而形成自己的行为模式。

一个气氛和谐稳定的家庭，教养出的孩子自然也是笑容满面，即使负面情绪来袭，也能成熟理性地处理面对；相反地，孩子若在争吵和咆哮声不停的家庭中成长，他所学会的沟通方式肯定也是如此。父母随时可能出现的争吵如同一颗定时炸弹，更会让孩子越来越没有安全感，自信和自尊总有一天会消失殆尽。

如果你就是一个时常失控的家长，不妨回头想想，自己原生家庭的氛围和沟通方式，是不是也只有咆哮怒吼？

很多女人在当妈妈之后，对于先生在育儿和家事上的消极被动十分寒心，了解之后才知道，原来先生自儿时就和父亲十分疏离，父亲和老一辈男人的传统观念一样，认为做家务和照顾孩子都是女人的事，才会导致自己成家当父亲后，也用同样的方式面对父亲这个角色。

父母只有自己先学会做情绪的主人，才有办法教会孩子管理好情绪。用对教养方法，陪伴和引导孩子，相信总有一天你会为孩子逐渐长大后明事理的稳定个性感到欣喜与骄傲。

第3章

做情绪的主人，强化孩子的正面情绪

所谓正面情绪指的是同理心、乐观、感恩等，让人感觉愉悦、满足的情绪。有专家认为，正面情绪是身体所需的营养，也使人们活得更健康快乐，这是有科学根据的。因为当人们沉浸在幸福愉快的正面情绪中时，脑内分泌的多巴胺会增进体内免疫力的提升，使身体不容易生病。

正面情绪可以提升记忆力，并协助人们以理智、快速的思维解决问题。相对地，拥有感恩、乐观、同理心这些正面情绪的人，自然也会因为懂得体贴和关心别人，拥有较好的人际关系。

既然正面情绪能为我们带来这么多的好处，正面情绪的培养就显得格外重要。希望孩子学会处理自己的情绪，第一步就要引导他们从认识情绪开始，平时父母可以多描述周遭发生的情境让孩子明白："拼图完成了，宝宝因为很开心所以拍手。""哥哥的玩具坏了，所以难过得大哭。""那个叔叔很生气，讲话才会那么大声。"通过这样的描述让孩子明白，不管是大人还是小孩，一定都会有正面或负面的情绪产生。

父母的态度也很重要，在跟孩子聊天时，多用正向的说话方式，用"跌倒了，你一定很痛吧"取代"活该！刚刚是不是叫你不要跑？现在跌倒了吧"；用"妈妈相信你记得，吃完饭要自己把碗筷收走放好”取代“到底要讲几次，你才会记得吃完饭要自己收碗”，久而久之，孩子也会习惯用正向的说话方式与人沟通。

带孩子出游或是在外用餐时，也可以试着引导孩子一起在不完美中寻找积极的一面，让他们学习对眼前的事物做正向的描述。比如，“这里虽然交通不太方便，但景色真的很美。”“服务人员态度是有点儿冷漠，但这儿的菜做得很好吃！”**父母以正向的思考模式教养，自然会让孩子拥有比较多的正面情绪，即使发生不愉快的事情，相信他们也能在最短的时间里调整情绪，积极乐观地迎接人生挑战。**

培养乐观的孩子

惠琪带着女儿出门，约了好友嘉玲带女儿一起逛街、喝下午茶。两个小女孩拿到街边发送的气球，笑得合不拢嘴。年纪相仿的两个孩子玩得正开心时，一不留神手上的气球突然飞走了。惠琪的女儿敏敏立刻号啕大哭，嘉玲的女儿巧巧年纪略小一些，反倒安慰起姐姐来：“气球飞走了没关系，不要哭，我们再去给姐姐拿一个气球吧。”

惠琪看了很诧异，怎么还没上小学的巧巧，遇到事情比小学一年级的敏敏还沉着？不哭不闹也就罢了，还能笑眯眯地安慰姐姐，她忍不住问嘉玲：“你用的什么好方法，把女儿教得这么好？”嘉玲笑着回答：“先教会她乐观，遇到事情不要沮丧吧！”

乐观是看事情的一种角度，同样打翻了一杯水，乐观的人会想：“还好，还有半杯水可以喝。”

悲观的人想的却是：“我真笨，真倒霉！不过是想喝杯水，却连杯子也拿不好！”

因为抱着积极正面的处事态度，所以乐观的人自然会工作效率高，他浑身散发出来的快乐气息，也会让周围的人乐意亲近，从而让自己拥有比较好的人际关系。而悲观的人呢？常常还没有开始行动，就已经认定自己做不到，注定会失败，抱着这样的心态又怎么能够成功？

不可否认，有的孩子天生就爱笑，有的孩子个性比较酷、笑容比较少。但即使是一个天性比较乐观的孩子，如果后天成长的环境充斥悲观、负面的氛围，原本开朗的性格也会变得忧郁。所以，**如果希望自己的孩子乐观，身为父母的你们就要先改变自己悲观的思维，以正面积极的态度教养孩子。**

一、先从保持笑容开始

笑，其实是人们与生俱来的本能，却会随着生长环境和个性养成的差异，逐渐改变每个人显露在外的表情和态度。曾经有过这么一个统计：小孩子每天会笑三四百次，但成年人每天只笑14

次左右。现实生活的压力和教养孩子的辛劳，是不是也让你变成一个逐渐忘记微笑的父母？

或许你会说："我每天忙着上班、忙着带孩子，休息、睡觉的时间都不够，哪有余力去注意自己脸上是不是挂着笑容？"但你想过吗？孩子每天朝夕相处的人，是身为父母的你们，孩子的心情正是反射大人行为的一面镜子。如果父母总是心情不佳、郁郁寡欢，孩子又怎么能乐观开朗？

一个总是面无表情的人，不只外人看了觉得难以亲近，自己也会因为总是板着一张脸而影响心情，看什么都感到不顺眼。以这种态度和孩子相处，只会让他们心生畏惧，甚至逃避跟父母接触，亲子关系又怎么能够和谐？

保持笑容的父母就不一样了，因为笑的时候，脑内的快乐激素会释放出来，让人感觉到愉悦开心，孩子自然而然也会受到家中快乐气氛的影响，习惯保持笑容。

开心是过一天，不开心也是过一天，为什么不让自己和孩子保持笑容、心情愉快地过日子呢？

二、和孩子一起学会正向乐观的说话方式

带孩子出门玩得正开心时，突然下起倾盆大雨，你会有什么样的反应？

如果你的反应是，赶紧带着孩子跑回家，然后对他说：“才到室内就下雨了，我们真幸运，完全没淋到雨！”

这样的你在教孩子：凡事一定都有好的一面，即使遇到不开心的事，也可以从中有所收获。

如果你的反应是，带着孩子回到家后，沮丧地对他说：“真倒霉，怎么又碰到下雨了，运气也太差了吧！”

这样的你在教孩子：遇到不开心的事，除了抱怨别无他法，好事永远也轮不到自己。

父母面对困境时表现出来的态度，影响的是孩子将来看待事情的角度。

说话的语气、态度也很重要，身体语言是每个人表达心情最直接、最快速的工具。

说话时的声调、神情，传达的是你带给别人的印象，也影响

别人对你的看法。一个说话总是有气无力、语带不满的人，别人看他也会觉得充斥着负面情绪，一点朝气也没有，更不会喜欢跟这样的人相处。而面带笑容、语调高昂地说话，改善的不仅是你自己的心情，还有旁人对你的看法和感受。

所以，在教孩子乐观的同时，别忘了调整你的说话方式，这样你会慢慢发现自己变得比以前更容易感到快乐，家里的气氛也开始不一样了。

三、引导孩子积极解决问题而非消极抱怨

乐观的人也会有感到不如意的时候，但他们不会把时间花在埋怨和不满上。乐观的人知道，失败和挫折并不会一直存在，**与其把焦点放在“为什么又是我”上，倒不如去思考“问题出现了，我可以怎么做”。**

而悲观的人则因为对待事情老往坏处想，所以容易钻牛角尖，陷入怨天尤人的死胡同里。一个总是被负面情绪困住的人，又怎么有办法培养自己解决问题的能力呢？

假使身为父母的你在遇到困境时，呈现出来的态度是：

“烦死人了，老是一堆问题要解决，先不管它好了！”那么孩子学到的，也会是这样消极、退缩的处事态度。

年龄还小的孩子在面对不如意的事情时，当下反应一定是本能地抗拒甚至生气，此时父母亲要避免和孩子一同陷入负面情绪里，而是要以旁观陪伴的角度提醒孩子：“爸爸妈妈知道你现在很不好受，有什么我们可以帮助你的吗？”然后引导孩子找出解决办法，放手让他们自己去尝试，当孩子渐渐体会到，原来困难是可以克服的，思维和个性自然也会变得正向乐观。

人生不可能永远成功顺遂，父母也不可能保护陪伴孩子一辈子，唯有教会孩子乐观，他们才有能力和勇气面对漫漫人生中可能面临的挫折和挑战。

培养孩子的同理心

振男带着5岁的儿子小彬到公园玩，一群孩子在沙坑里玩得正开心时，突然一个小男孩没站稳，“啪”的一声跌倒了，男孩这一摔，整张脸几乎要埋进沙子里面了，所以爬起来的时候，脸上、身上都沾满了沙子。没想到小彬见状竟指着对方大声笑了起来：“哈哈哈，你整个脸都黑黑的，好像长胡子了，真好笑啊！”而旁边几个小朋友却立刻问对方：“怎么样？会不会很痛？”相比之下，小彬的讪笑不但失礼，而且也显得他没有同理心，忽视别人的感受。

一旁的振男除了大声斥责小彬“怎么可以这样笑别人”之外，心里也很纳闷，为什么每次小彬看到别人出糗，不是无动于衷，就是大声地嘲笑别人的狼狈呢？为什么小彬这么没有同理心？等他长大后懂事一点时，是不是就不会这样了呢？

小彬父母的烦恼，你是不是也有？你的孩子好像只在意跟自己有关的人、事、物，对于发生在别人身上的坏事，他不但不会主动伸出援手、付出关心，还有可能把别人的遭遇当笑话一样看待，不懂得体贴，凡事以自己为中心，然后随着年龄越来越大，他也逐渐成为别人口中自私的人了。

人类是群居动物，人与人之间应该是互相关怀、互相帮助的，但为什么有的人总是沉浸在自己的世界里，对别人遭遇到的痛苦和悲伤完全没有感觉，一副事不关己的模样呢？

问题就在于这些人缺乏同理心。

所谓**同理心，指的是以相同的心态去理解别人的感受，能够设身处地地站在对方立场去思考，对他人的情绪产生共鸣，**也就是我们常说的“将心比心”。

同理的感受是与生俱来的，最简单的例子，就是在医院的婴儿室中，如果一个宝宝开始哭泣，邻床的宝宝也会感受到他的情绪，没多久也跟着哭泣起来。随着孩子年龄的增长，自我意识逐渐发展，他们会开始有“这是我的玩具”“想要的东西我要马上抢过来”这类以自我为中心的举动。如果在这个阶段，父母没有引导孩子，通过同理别人玩具被抢走的情绪，并学会分享，那么孩子与生俱来的同理感受，就会因为缺乏爱和正确的引导方式，渐渐地被消磨甚至消失。

教会孩子同理心，是父母教养路上的重要功课之一。

一、做父母的要先同理孩子的感受

如果你想通过类似“你要多体谅别人啊”“要懂得替别人着想才行”这样几句教导的话就期望他们变成一个有同理心的人，成效恐怕会很微小。**要想培养出孩子的同理心，最重要的方法，就是让他们在成长过程中，感受到被同理是一件非常美好的事。**

无论孩子当下表现出来的恐惧、害怕、失望，在大人看来有多么不可思议和无法理解，但父母轻轻的一句：“你现在一定觉得很生气、很伤心是不是？”对孩子而言，同理他的感受，这就是最有效的疗伤剂，原本愤恨或害怕的负面情绪，会因为这短短一句安慰的话被抚平。

所以在孩子因为玩具被抢走而生气大哭时，你应该告诉他：“妹妹抢走你的玩具了，所以你感到很生气是吗？”而不是没好气地责骂：“妹妹只是拿走你一辆玩具小车而已，有什么好生气的？你难道没别的玩具车能玩了吗？”

在孩子因为停电陷入怕黑的恐惧中时，对他说："停电了，风雨又这么大，真的会让人觉得很害怕，别担心，爸爸妈妈陪着你。"而不是嘲讽他："你都多大了？停电还怕成这样！不怕别人笑你吗？"

当孩子的感觉被同理了，他才会慢慢形成同理别人的能力。相反地，一个在成长过程中总是感觉被漠视或是被批评的人，又怎么能够将心比心地去理解别人的感受呢？

二、多跟孩子讨论情绪和感觉

孩子要先能辨识自己的情绪和感觉，才能进一步懂得察觉别人的感受，进而学习将心比心、转换到别人的立场去思考。

不管是开心还是难过，父母都可以用引导的方式和孩子聊聊："你今天玩得好开心，是不是因为这里有你最喜欢的沙坑？""想吃的面包卖完了，你一定觉得很失望吧！"借这样的聊天方式，让孩子明白自己的各种情绪，然后随着年龄的增长理解力的逐渐提升，再慢慢引导他们去接受、面对和处理情绪。

有许多人即使是长大成人了，在发完脾气之后，仍旧不知道刚才的暴怒和失控是怎么一回事，原因就出在，他们自小没有机会去理解情绪为何物，当然更没有学到该如何排解。

除了引导孩子认识自己的情绪，也可以用角色互换的模拟方式，训练孩子换个立场，站在别人的角度想想。在孩子抢走他人手上玩具时提醒他："如果别人问也不问，一把抢走你手上的玩具，你是什么感觉？"在孩子霸占着公园游乐设施时问："如果你很想玩荡秋千，可是前一个玩的小朋友怎么也不肯下来，你又是什么感觉？"通过这样的模拟对话，让孩子换个角度去体会别人的处境，一段时间之后，你会发现孩子开始懂得同理旁人的感受了，不再只是以自己为中心的小霸王。

三、自我满足了才能懂分享和同理

在人格发展的过程里，人绝对是先发展出自我的概念，所以幼小的孩子必须先意识、了解到"我是谁""我要""我的"等这些自我概念，当自我概念被满足了以后，孩子才有办法发展出分享或同理的行为，这也是为什么孩子会本能地认为什么东西都是他的。

父母如果只停留在口头教育或斥责孩子：“要懂得分享喔！”“就借弟弟玩一下嘛！哪有这么小气的？”结果要么是孩子不愿意借而闹得哭哭啼啼的，要么是孩子即使借了也心不甘情不愿。况且**这种“表面上的分享”，其实是一种剥夺，**大人们硬生生地夺走孩子手上的东西，夺去借给另一个人，孩子怎么能感受到分享的乐趣？更不可能因此学会同理心。

日常生活中，父母可以和孩子“练习轮流”或“学习等待”，比如，家人在一定时间内，轮流玩同一个玩具，让孩子明白，借出去的玩具、物品是大家轮流玩的，且最后也会回到自己手上。当然也要尊重孩子的意愿，在他不愿意分享玩具时，先不要急着斥责或要求，允许孩子有一段独占自己玩具的时光，然后试着提醒他：“这件玩具如果可以多些人一起玩，一定更有趣！”

有专家认为，在孩子学习分享的过程里，同理心和合作的概念，也随之一步一步发展成熟。所以父母要先接纳孩子从满足自我到意识他人感受的这段过程，耐心地引导和陪伴，孩子才能逐渐感受，原来同理、关心别人是一件能带给别人温暖并能让自己感到快乐的事。

四、父母以身作则

对孩子而言，再多的口头训诫或引导，都不及父母亲身示范同理行为来得有效。

毕竟父母是孩子出生之后，接触最频繁也最容易模仿的对象。假使你带着孩子搭乘地铁或公交车时，对身边比自己更需要座位的老弱妇孺总是视而不见，又怎么能奢望孩子明白座位应该让给有需要的人。假使孩子跟在父母身边，看到的都是爸爸妈妈主动替别人着想、向需要帮助的人伸出援手，久而久之，这样的行为模式会深植在孩子脑海里。有专家认为，同理心是最难培养的情绪能力，需要仰赖父母不断的示范和鼓励，这样才能激发、引导孩子这方面的特质。

只有拥有同理心的父母，才有办法教养出拥有同理心的孩子。所以在你因孩子对旁人的事十分冷漠而感到气急败坏时，不妨回过头来想想，自己和另一半在日常生活里，给了孩子什么样的行为示范，**要求孩子前，别忘了先要修正自己的行为。**

培养热情的孩子

宇豪是高三应届毕业生，在其他同学都兴致勃勃地讨论将来想学的专业时，宇豪却是一脸茫然，不管父母师长问他，还是同学和他讨论想念哪所大学哪个专业，他的回答一概是“不知道”。父母看在眼里，急在心里，高中生活都已经进入倒计时了，这孩子却好像还是不急不火，对未来的规划一点想法也没有。

父母已经把所有的资源都投注在孩子身上，大小事情更是都安排好，宇豪只要负责把书念好就行，在家人看来，他几乎没有什么烦恼的事情。

但这孩子对任何事情好像都提不起劲儿，问他关于某件事情的看法，得到的回答永远是“随便”“没感觉”“都可以”。再这样下去，面对即将来临的高考，到底该怎么办才好？

看出宇豪的问题在哪儿了吗？看起来很迷茫的他，其实缺乏的就是对生活的热情。从小父母就打理好生活中的一切，更是让宇豪不需要动脑思考，只要被动地听从接受所有的安排就好，这样的孩子对周遭的人、事、物又怎能存在热情?

众所皆知的股神巴菲特，曾在某次演讲时谈到热情，并奉劝一个为孩子玩滑板玩得入迷而苦恼的听众，对于孩子的兴趣应该给予支持，让他在对滑板的这份热情里，培养出专心和负责任的态度。

由此可见，热情是一个人发觉兴趣所在和实践梦想的基础能力。人要有热情和动机，这样才能具备源源不断的动力去达到人生的目标，筑梦的过程即使遭遇挫折，也会因为拥有热情在背后支撑，而勇敢坚毅地跨越难关，培养克服逆境的能力。

相反地，假使一个人缺乏热情、对什么事都提不起劲儿，即使拥有再高的学历、找到再好的工作，终究也会因为没有热情，对眼前自己拥有的一切感到兴趣缺失，日子一天过得比一天消沉。

可惜的是，现今很多父母仍然非常看重在孩子的成绩，认为学生的本分就是念好书，唯有考高分才是上名校的保障，唯有进入名校才有可能找到好工作，成为人生赢家。

但事实真的是如此吗？

闻名全球的比尔·盖茨和乔布斯，都在大学念到一半时休学，没有大学文凭的他们，却靠着自己对计算机科技的热情和执着，创办了改写世界3C［Computer（计算机）、Communication（通信）、Consumer Electronics（消费类电子产品）］历史的微软和苹果公司；摘下世界面包大赛冠军的吴宝春师傅，中学毕业时认识的字不到500个，连注音符号都不太会，直到当兵时才开始读书识字，想要做出更多美味面包的热情，更让他靠自学掌握了日文和法文。

上述这些名人的故事都印证了一件事：学习是一辈子的事，父母要引导孩子对周遭事物抱有热情和干劲儿，这样，孩子才有可能在人生漫长的道路上走得稳当、走得快乐。

教会孩子热情，其实没有你想象得那么难。

一、陪伴和引导孩子找出自己的天赋

身处在这个用手指滑一滑手机就能知晓天下事的时代，我们的孩子看起来幸福，其实也越活越辛苦。怕孩子长大英文说不好，无法立足，所以两三岁就送进学费昂贵的双语学校；打听到哪里的学区升学率高，费尽千辛万苦迁户口，能让孩子进入名校比什么都重要。只要是为了孩子好，父母再辛苦也甘之如饴，但有趣的是，当你问这些父母孩子的专长是什么时，大概有一半以上的父母会回答："小孩子把书念好就行了，还要什么兴趣专长？"

但你知道吗？对事物的热情，才是激发孩子学习动机的第一步。在他们漫长的人生中，能力和兴趣才是决定他们未来方向的关键。但**孩子毕竟年纪还小，要凭借自己的力量挖掘出天赋，绝对有难度，所以这段探索的过程里，父母的陪伴和引导，就显得格外重要。**

如果时间、经济允许的话，不妨安排各种多元化的活动让孩子接触，不管是阅读、运动、烹饪、绘画等，不要抱着"钱都花了，你一定要给我得个什么奖回来"的心态，其实孩子学习摸索的过程，就已经是一种无形的获得。假使他们能在父母的陪伴之下，尽早发现自己的专长在哪个领域，并朝着这个目标迈进，这是再多奖牌和比赛名次都换不来的收获。

在日常生活中多带孩子参加活动，父母就可以观察出自己的孩子比较擅长哪些方面，有的孩子天生运动细胞就比较发达，有的孩子绘画能力就是比人强，如果想让孩子继续朝自己擅长也喜欢的项目学习，观察并确定孩子真的喜欢，亲子双方讨论过后再上才艺课程也不迟。

很多父母只要一听说哪家孩子因为学了哪项才艺获奖连连，就把自己的孩子也送去学，不管孩子是不是喜欢，是不是适合。事实上，这对挖掘天赋一点帮助也没有，反而导致孩子因为压力厌倦学习，花了大把银子又帮助不了孩子，难道不是赔了夫人又折兵的一件事吗？

二、对孩子的兴趣爱好给予支持

每个父母都希望给孩子最好的，所以常常在不知不觉中把自己认为好的、对的，通通替孩子决定好，生怕他们走偏一步路，不小心做出错误的决定。曾有一则新闻报道，某知名大学新生的父母向学校提出要求："大学选课太自由，怕小孩不知道怎么选择，学校能不能让家长也进入系统，帮助小孩选课？"

都已经是成绩优异并能够考上大学的成年人了，为什么思考能力和判断能力却跟小学生一样？原本应该是自己决定的事情，还是落在父母肩上。原因就在于，他们自小习惯什么都由父母安排好，只要照着爸爸妈妈铺好的路去走就好，这样的孩子对事物还有好奇和热情吗？4年大学上完之后步入社会，面对茫然的未来，他们有能力替自己规划吗？

其实这些人并不是生来就没有热情的，而是也许他们爱好的领域并不被父母所接受。比如热爱音乐，爸爸妈妈却嗤之以鼻，认为玩乐团的孩子就是叛逆、不求上进，要求孩子把书读好比较实际。

如果想选学的专业冷门，父母就会认为将来找不到好工作，所以强力反对。但这往往只是忽略或压抑了一个孩子真正的天赋与热情，更可怕的是扼杀了他们原有的能力。

为人父母要切记，父母的角色是引导而非主导，当孩子表现出对某项事物的热情时，先不要急着否定："学画画能干吗，你以为这世上有几个毕加索？""篮球打得好有什么用？看看你的成绩单，多丢人！"

请先相信孩子，支持同理他的选择，有了父母的支持做后盾，孩子才能萌生信心和勇气去面对自己的选择，也因为热情没有被磨灭，遇到困难才不会退却。

千万不要用世俗的标准去为孩子定义，如应该考上哪所大学、学什么专业，或是把自己儿时的梦想加诸孩子身上。

著名的小提琴家陈美，4岁就在母亲刻意的安排下学习小提琴。母亲立志将女儿培养成闻名全球的音乐家。陈美的衣食住行从小就受到母亲严格的控制，为了保护最重要的双手，母亲不准陈美拿刀子，母亲减少陈美上学的时间，陈美最喜欢的滑雪也被完全禁止。她的苦心果然让陈美成功站上国际舞台，10岁就和伦敦爱乐乐团同台演出，成为音乐界的国际巨星，但陈美在35岁时毅然放弃音乐事业一年，到瑞士进行滑雪特训，也因此与母亲感情决裂。

陈美的母亲一定是非常爱女儿的，她的苦心栽培也确实让女儿成功了，但她打造的人生一定就是女儿想要的吗？现实生活中，我们也常常看到很多母亲因为小时候家境贫寒而无法学琴，等自己的孩子年龄一到就立马送去学；或是自己英文不好，担忧孩子也会一样，早早就让孩子补习英文。但这些都是你想要的，不是孩子油然而生的热情，肯定支撑不了多久，他们很快就会打退堂鼓。

让孩子永远拥有热情，那么即便人生道路遇到再多困难，相信他也一定可以迎刃而解，一次比一次坚毅。

培养孩子的耐心和毅力

在公司开了一天的会，明川拖着疲惫的身躯回到家，只想瘫坐在沙发上好好休息一会儿，可大门还没完全推开就听到太太气急败坏的声音：“你又不想学了？这钢琴课你才上没3个月呢！我拜托你能不能别这么没有毅力，报了那么多次的才艺课，最后总是说不去就不去？”

明川一听就知道，大概又是他那个宝贝女儿清清“才艺3分钟热度”的老毛病又犯了，上回是跆拳道，跟着同学去上了3堂课，就嚷着全身酸痛不想再去；再上一次是在公园里看到小朋友玩轮滑得心应手的模样，立刻吵着他们夫妻要报名，结果呢？没学1个月，就说上课内容跟原本想象的不一样，她要重新想想自己喜欢的究竟是什么。

明川真的不懂这个女儿，感觉好像对什么都兴致勃勃，但真的让她去学了，很快地又嚷着无聊不想再去。他们夫妻万分苦恼，想着做父母的，对孩子想学的课程，不是应该倾全力支持吗？但如果再给女儿一次机会，会不会又发生一样的状况？他们夫妻俩究竟该怎么做，才能让清清改掉3分钟热度的毛病，真的持之以恒地朝自己选择的目标迈进呢？

清清缺乏恒心、毅力的坏习惯，绝对不是特例。明川夫妻的烦恼，相信也是不少爸爸妈妈的烦恼。

如果说对事物的热情，是挖掘一个人自我专长的必备条件，那么持之以恒、贯彻始终的决心，绝对是决定你能否靠着热情走向成功的关键。**一个人如果没有持续到终点的恒心和毅力，那么即便他拥有再浓烈的热情，前面做了再多的努力，最终都会因为他的虎头蛇尾导致前功尽弃。**

一个恒心、毅力不够的人，其实正代表他的意志力比较薄弱，所以容易半途而废，成功的概率自然也会比较低。

长时间下来，即便有再高涨的热情，也会因为不断地遭遇失败，导致自信心一点一滴地消磨殆尽。

父母如果可以从小培养孩子的恒心和毅力，这种坚持到底、不轻易放弃的做事习惯，绝对可以成为他们进入社会后的一大助力，对孩子来说，肯定是一辈子受用无穷的。

一、根据孩子的年龄能力循序渐进培养固定习惯

恒心可以说是一种习惯的养成，一个人如果自小就有一样固定养成的习惯，一直持续到他长大成人，其实就是有恒心的表现，连带地也会培养出遇到挫折不轻言放弃的个性。

所以在孩子还小的时候，父母可以根据他们的年龄和身心发展程度，适度地协助孩子培养出一个不间断的习惯，比如，每天亲子共读10分钟、运动20分钟等。不过要记得的是，孩子的能力和专注力有限，如果设定了超过孩子能力的目标，即便他们再努力，恐怕也完成不了，时间一久，自信心也会跟着丧失，怎么也不肯再做尝试，这样就不可能培养出持之以恒的习惯。

订立目标之后，父母一定要带着孩子亲身体验，逐步建立起他们固定的良好习惯。假使你要求孩子每天运动，自己却成日坐在计算机前面或玩手机，孩子怎么会有动力持续下去？

二、孩子遭遇挫折时给予陪伴和支持

在训练持之以恒的过程中，孩子一定会有面临挫折和困境的时候，对于依赖父母的他们来说，下意识的反应一定是抗拒退缩：“这个我不会啦！”或是撒娇地求助：“爸爸妈妈，你们帮我啊！”

父母千万不能因为禁不起孩子的苦苦哀求，或舍不得让孩子哭泣，就越界处理原本应该是孩子自行解决的问题。

父母也不要因为孩子面临挫折害怕退却的模样而大动肝火，只要是人，面对自己克服不了的难关，一定都有脆弱担忧的时候。这时候父母的支持鼓励，会成为孩子强有力的后盾，支撑他们在人生的道路上勇敢走下去。

“不要害怕，爸爸妈妈永远会陪着你。”

“这件事确实是有点难处理，我们一起想一想，还有其他什么办法。”

用具体的言语行动表达你们的支持，剩下的就放手让孩子自己去闯吧！**有父母关心、陪伴但不介入的爱和支持，孩子会逐渐训练出解决问题的能力。**遇到困难不轻言放弃的行事态度，不就是恒心和毅力的最佳表现吗？

三、让孩子学会自我监督，对自己负责任

希望孩子做事持之以恒，最关键的还得靠他们的自觉能力，让他们凭借自己的力量独立承担不同阶段的责任。

毕竟爸爸妈妈不可能时时刻刻陪在身边，更不可能为他们打理好每件事情，**及早训练孩子学会对自己负责，这样持之以恒的做事习惯才会跟着他们一辈子。**

一开始可能需要父母先带着孩子逐步制订计划表，等孩子慢慢上手之后，就放手让他独立完成。

以写作业为例，可以先按照孩子的熟悉程度，制订一个合理的完成时间，带他去买一个喜欢的定时器，教会他怎么设定倒计时，试试他在10分钟之内可以完成多少事，然后逐步拉长倒计时的时间。

用这种方式让孩子学会掌控时间，督促自己在设定的时间之内完成既定任务。让孩子从小养成自我督促的习惯，那么即使将来随着年龄增大，要负责处理的事情越来越多，善于掌控时间的

优势也能让他从容不迫地逐一完成，自然也不会有半途而废的情况发生。

相反地，如果孩子从小就习惯父母会在后头收尾，自己不用为自己的行为负责，半途而废对他而言当然就会变得无所谓，更不可能成为一个有恒心和毅力的人了。

四、父母做事不能虎头蛇尾，孩子才会有样学样

假使父母遇到挫折就容易退缩，或做事情总是三天打鱼两天晒网的，又怎么能指望孩子学会靠恒心和毅力朝目标迈进？

小至运动习惯的坚持，大至身陷困境的坚韧不拔，父母的亲身示范，才能对孩子产生最直接、最有效的影响。

父母做事要有始有终，此外父母对孩子的要求也要有始有终，这也等于在培养孩子的恒心和毅力。所以当孩子正从事一个活动时，尽量不要中途打断他，比如，有些父母在孩子画画时催促他去洗澡，在孩子写功课时要他先去收拾房间，这些行为也等于打断了孩子对一件事坚持到底的毅力。

人要实现梦想、达成目标、需要恒心，戒除坏习惯也需要

恒心。一个人假使缺乏恒心和毅力这两个特质，就算再聪慧、再有能力，有再大的梦想，一切都将沦为空谈，人生目标也无法实现。

培养懂得感恩的孩子

惠如在厨房里忙了一个多小时，此刻最后一道汤也已完成被端上餐桌，看看时间，儿子小恩该放学回来了，今天煮了他最喜欢的咖喱饭，小恩一定会很开心。

才想到这儿，家门就打开了，惠如还没来得及开口招呼孩子吃饭，就看到小恩一张脸怒气冲冲，把手里的书包往沙发上一扔、重重坐下后，老大不高兴地发起脾气来：“你跟爸到底什么时候才肯给我买手机啊？你知道吗？现在的初中生没手机很没面子啊！”

又是为了这件事！升上初一还没两个月，小恩就吵了不下5次，要爸妈买一部智能手机给他，理由是班上好多同学有，我也要有。她跟老公担心孩子有了智能手机，会沉迷于上网和玩游戏，最后荒废了课业，所以迟迟不肯答应。每次一讨论到这个话题，小恩就闹情绪，任凭她跟老公好说歹说，要小恩先把书念好，等比较适应课业繁重的初中生活后，再买智能手机也不迟。但这孩子就像听不懂似的，最后总撂上一句："为什么同学可以有，我就不行？我就是现在要！"

惠如回头看看自己精心为孩子准备的那一桌晚餐，儿子不但连声谢谢也没说，现在又为了自己想要的东西对她发脾气，她突然觉得一阵心酸，不明白自己为谁辛苦为谁忙……

面对孩子时你也会经常有这种无力感吗？总觉得自己为了孩子，再省、再苦也没关系，将所有心力甚至金钱投注在孩子身上，却好像很少听到孩子的感谢，他们反而在提出的要求或愿望无法实现时，特别容易发脾气，好像做父母的上辈子欠他们的一样，好像要什么就得马上有什么一样，更不可能去想到，自己对父母的要求合不合理、恰不恰当。

是什么原因让我们的孩子越来越不懂得感恩，把自己所拥有的一切视为理所当然？当你在为孩子桀骜不驯的态度生气时，有没有想过自己曾经教过孩子感恩吗？

东方父母常会抱着"再穷也不能穷孩子"的心态，把最好的留给孩子，却忘了告诉孩子："你现在拥有的这些，是爸爸妈妈省吃俭用换来的。""放暑假你们在家吹空调、看电视的时候，爸爸在大太阳底下辛苦工作。”长时间下来，孩子只会习惯衣来伸手、饭来张口，又怎么可能会想到自己眼前拥有的一切，是爸爸妈妈付出多少心力换来的？

孩子不会一生下来就懂得感恩，必须靠父母在成长过程中不断地提醒和引导。让孩子从日常生活中的小事开始理解他人心意，进而珍视感恩别人对自己的付出。所以小至从父母手中接过一碗饭、一杯茶的感谢，大至收到亲友送礼的感动珍惜，父母都要把握每一个机会教育，“爷爷寄了一个礼物给你，跟妈妈一起打电话向爷爷道谢。”“这些书是表姐特地留下来给你的，要好好珍惜，下次见面时别忘了跟姐姐道谢哦！”

时时心怀感恩的孩子，会比其他孩子更容易感到满足、快乐，不那么注重物质生活，自然也不会有孩子理所当然的要求、父母恼怒责问“你凭什么”的情况产生，亲子关系也就比较和谐。如果你不希望自己劳心劳力的结果，最后却教养出一个予取予求、让人看了摇头叹息的孩子，那就从这些小地方着手，一点一滴教会孩子感恩吧！

一、适时让孩子体验父母辛劳

曾有一名网友在微博上贴出自己和哥哥的对话，抱怨身为家庭主妇的妈妈：“觉得她平常很闲，家务也并不多，不知道她在不满什么，难道这些家务事不都是她的工作吗？”认为没有工作的母亲，每天只要忙家务和煮饭，要做的事已经够少了，为何还要求她和哥哥下班之后分担家务。此文一出，立刻引发网友一边倒的批评，认为这对兄妹不但不懂体恤父母的辛苦，居然还敢上网抱怨，很替他们的父母打抱不平，觉得这样的孩子真是“白养了”！

但也有网友认为，应该是这对兄妹的母亲总是把家中大小事都揽在身上，没有适时让孩子学习承担家庭责任，才会养成他们这种自以为是的态度。其实不管大人还是小孩，只要身为家中的一分子，都应该负起对家庭的责任，明白一个家庭要能顺利运作，必须依靠家中每一个人用心维系，孩子通过这样的过程体验到父母辛劳，自然会对自己拥有的一切珍惜感恩。

最基本的可以从训练孩子做家务开始，视孩子的年龄和能力，适度分配他们能够胜任的家务，孩子才能知道，原来家里的地板是妈妈每天辛苦拖干净的、脏衣服不是只要扔进洗衣机就会变干净。随着孩子认知能力的成熟，更可以让他们逐渐明白家中经济状况，每个月家里有多少贷款、账单、保险费要付，他随口说出想要的一双名牌球鞋，可能是爸爸要辛苦工作超过12个小时的工资。明白这些前因后果，孩子自然不会想要什么就开口要求，因为他知道，所有大大小小的花费都是父母辛苦赚来的。

二、不要给孩子太过奢华的物质生活

现代家庭中，每个孩子都是父母捧在手心里的宝，所以父母想尽一切办法给孩子最好的，平日让孩子上价格不菲的双语幼儿园、才艺课，假日就是上百货公司买昂贵玩具，寒暑假安排出国旅游。父母想得很单纯：“平时我们都忙于工作，放假终于有时间陪孩子了，当然要让孩子开心。”“只要孩子开心，花多少钱都不重要。”所以竭尽所能地供给富足的物质生活，但他们忽略了，这样无条件的单方面给予，很有可能会让自小就习惯这种生活的孩子，对自己拥有的一切感到理所当然，更别说是心存感激了。

于是过度宠爱的结果演变成，孩子只把焦点放在 “为什么同学有智能手机，我就不能买”上面，却忽略了父母赚钱的辛苦。孩子只在意“为什么同学都有名牌球鞋，我就要穿这种便宜货”，却不知道爸爸连一顿快餐的钱都舍不得花，却舍得花钱让他买新鞋。

曾经有学者做过研究，21世纪的父母给孩子的物质享受，远比上个世纪的父母所给予孩子的多了足足5倍。但父母能给孩子的幸福感，难道只要建立在物质生活上就好了吗？假使拥有最新、最炫的智能手机，但一家人在一起时，只是自顾自地玩手机，孩子会感到幸福吗？

答案是否定的！

相反地，在过多理所当然的物质生活下长大，孩子的胃口只会被越养越大，他看不到父母赚钱的辛苦，只看到别人的行头比自己炫酷好几倍，只知道回家要求父母买。这样的孩子，又会懂得什么叫作感恩吗？

父母对孩子好当然是应该的，但在给予的同时，要衡量家庭的经济状况，也别忘了提醒孩子，眼前的一切得来不易，他们除了心怀感恩也要懂得珍惜。

三、和孩子一起写感恩日记

美国一项研究指出，经常记下你感恩的大事小事，可以激发人的正面能量。以上学为例，假使每天请孩子记下想对老师、同学表达感谢的5件事，一段时间下来，孩子会变得越来越喜爱上学。

可见**感恩日记的记录，可以改变一个人对生活的观感和态度。**

任何一点小事都可以成为孩子感谢的对象，比如，谢谢妈妈早起为我做早餐、谢谢同学把铅笔借给我、谢谢隔壁王阿姨送我们好吃的面包等，通过这些记录让孩子明白，**许多平时看来不起眼的小事，经过一段时间的累积之后，就能让人感到幸福愉悦。**

爸爸妈妈可以借着陪伴孩子记录的过程，提醒他受到多少人的帮助和照顾，一家人也可以在记录感恩日记之后，提出日记内容共同分享讨论，一个小小的记录动作，不但会让孩子理解到自己所拥有的幸福，也会改变他们的生活态度，自然而然便充满感恩之情。

四、父母本身就要懂得感恩

不懂得感恩的父母，是不可能教养出心怀感恩的孩子的。

如果你埋怨孩子漠视你们夫妻的付出，自己却毫无感恩的行为，很少带着孩子去探视父母，以身作则让孩子明白："因为爷爷奶奶或外公外婆很辛苦地把爸爸或妈妈养大，所以有空我们就要回来陪陪他们。"孩子又怎么懂得体恤、回报父母的辛苦？如果你自己动不动就丢弃吃不完的食物，孩子又怎么会想到农夫种田的辛苦，嘴里吃的每一口食物都应该珍惜感谢？

所以**为人父母者得先从自己做起，孩子自然会耳濡目染习得感恩。**在带孩子出门时，时时刻刻把感谢挂在嘴边，对帮助你们的司机、服务人员诚心诚意表达感谢，把父母对自己的呵护、疼爱放在心上，再忙也不忘抽出时间探望长辈等，用正面、喜悦的心情告诉孩子为什么要有这些行为，这样的实际行动远比灌输大道理更容易让孩子理解应该用什么样的心态面对周遭的人、事、物。

对孩子的付出也要适时表达感谢："谢谢你今天让爸爸好好休息，爸爸的头痛好多了！""谢谢你刚才帮我照顾弟弟，让妈妈可以好好做饭。”整个家里充满正面和彼此感谢的氛围，亲子间的冲突自然会少了许多。

美国德克萨斯州两位博士曾针对感恩对人体的好处进行研究，结果发现，时常怀着感恩的心，会让人充满热情和活力，甚至可以增强免疫力、降低高血压。这样的人也会让旁人喜欢跟他相处，拥有良好的人际关系，这样看来，教会孩子感恩是一件百益无害的事。

培养孩子的自信心

开学才没几个月，桦桦的幼儿园为孩子们举办了校外教学，鼓励父母也一同参与，共创亲子间的美好回忆。

身为母亲的淑美特地跟公司请假，好几天前就准备好孩子最喜欢的饼干、糖果，一大早兴致勃勃地带着桦桦前往学校和老师、同学们会合。

原以为这天会玩得很开心，没想到女儿从早别扭到晚，一点儿也不愿意敞开心扉和老师同学同乐，不只桦桦闷了一整天，淑美也憋了一肚子的气。

桦桦在老师问问题时，完全不敢举手；而在玩闯关游戏时，整个人紧紧贴着妈妈，说什么也不肯下去一起玩，不管妈妈或老师怎么鼓励，桦桦永远回答：“我不会，我不要玩。”“这好难，我没办法。”一整天下来，淑美真的又气又急。

淑美知道女儿从小个性比较内向，却没料到会退缩成这个样子，原以为送去上幼儿园之后会好一点，结果竟然一点进步也没有。看着怯怯地躲在自己背后的桦桦，淑美心中充满无力感，究竟要怎么做，女儿才能对自己有信心一点，才能在众人面前勇敢一点?

自信心是孩子成长阶段的重要心理因素之一，充满自信的孩子不但勇于尝试新挑战，遇到挫折时也很快就能从挫败中站起来。

有专家认为，0~6岁是孩子自信心发展的重要阶段，也就是说，童年是建立孩子自信的关键时期。

不可否认，孩子外向或内向是与生俱来的特质，外向的孩子不管身处什么样的环境，都能大方自在地展现自己；内向的孩子的优点，则需要较长时间的观察相处才能被发掘，但这不代表内向的孩子就注定自卑，只要父母引导得当，不管是什么样个性的孩子，都能被激发出自信和潜能。

家庭是孩子培养自信的摇篮，而他们最大的信心来源就是身边最亲近的人，一个经常受到父母鼓励肯定的孩子，也会经常肯定自己，相信自己做得到。

用正确的方法教孩子，他们才能活出自信。

一、建立自信的第一步——给足孩子安全感

孩子的自信心建立于安全感之上，因为安全感充足的孩子，勇于和外界接触，期待尝试各项新事物，对失败的接受度会比安全感没有获得满足的孩子来得高，这样的处事态度会让他们比较容易成功，自信心自然也就这样建立起来。

孩子的安全感是否充足，和父母的教养方式息息相关。

从婴幼儿时期开始，父母就可以通过微笑、拥抱等肢体语言，毫不保留地向孩子表达自己的爱。和孩子分开时，要明确告诉他们“爸爸妈妈要去哪里”“几点会回来”，说了就要确实做到，这样才能让亲子之间彼此信任，孩子明白即使和父母分开，爸爸妈妈对自己的爱和支持也会一直在，这对安全感的建立有很大的帮助。

有的父母对孩子的分离焦虑和恐惧视而不见，认为这是孩子年纪还小的正常现象，“大一点就不会这么黏人了啦！”“这个也怕那个也怕，长大就好了啦！”但事实是，如果没有从小为孩子建立完整的安全感，隐藏在他们内心深处的不安全感，会连

带影响到情绪的稳定度和人际关系，会造成他们缺乏自信不敢表达，绝对不是如你想的“长大就会好”这么简单。

父母的关系和谐与否，也跟孩子的安全感建立有密不可分的关系。不要以为感情是你们夫妻俩的事，更不要认为孩子年纪小，听不懂父母的争执。对孩子而言，爸爸妈妈就是他们的一切，时常目睹父母的争吵，会使他们害怕失去其中一方的爱，甚至认为“是不是我不乖，爸爸妈妈才会一直吵架”。所以假使和另一半真有什么不愉快，也尽量不要在孩子面前争吵，试着用理性沟通的方式解决问题。这不只是为了孩子着想，对你们夫妻关系的维系也很有帮助。

如果夫妻二人真的不小心在孩子面前吵架了，也要当着孩子的面和好，让孩子明白“大人跟小朋友一样，也会有吵架的时候，但沟通完就好了”。更重要的是，抱抱孩子，告诉他爸爸妈妈都很爱他，这一点是永远不会改变的。

二、陪孩子找出自己的优点

“望子成龙、望女成凤”是所有父母对孩子的盼望，每个人都希望自己的孩子是最出色的。但不可否认的是，再怎么优秀的孩子一定也有他的缺点；旁人眼中看来平凡无奇的孩子，也绝对有他的优点。爸爸妈妈应该学着放大孩子的优点，而不是老关注孩子的缺点，批评孩子："为什么你老是改不掉毛病？""为什么长这么大了，还是这么胆小？"

每个孩子都是独立的个体，有的孩子也许比较擅长学习理论知识，但碰到运动项目就没辙；有的孩子成绩普通，但审美能力和艺术天分就是比别人好；有的孩子专注力有限，但策划活动的能力胜人一筹。**假使父母只把注意力放在孩子做不好的事情上，却忽略、漠视孩子原有的优点，那么任凭孩子有再多的优点也无法发光发热。**

可惜当下的大部分父母还是陷入"分数代表一切"的误区，所有的赞美和注意力都用在成绩好的孩子身上，但学业成绩普通的孩子，就完全没有优点了吗？假使你懂得放大孩子的优点，你就会看到"我的孩子学习成绩不太理想，但他足球踢得真好！""我的孩子数学成绩虽然普通，但他文笔真好，写出来的文章连我都爱看。"**当你懂得赏识孩子的优点并具体表达，孩子会因为父母的鼓励肯定自己，逐渐建立自信。**

有的父母以为挑剔孩子的缺点，可以提高孩子的抗压性、激励孩子求进步的决心。所以对孩子的优点只字不提，而老把孩子的缺点挂在嘴边。长时间下来孩子就会认为“我再怎么努力也一样，我就跟妈妈说的一样，书永远念不好”“我真的一点优点也没有，我很没用”。

长此以往，不仅孩子的自信心从小就被摧毁，而且在挑剔声中长大的孩子看事情的角度也会比较负面，不懂得欣赏别人的优点，父母看到的孩子是什么样子，他们就会认为自己是那个样子。不要吝啬告诉孩子他的优点，你的鼓励能让他越来越有自信，相信自己就像爸爸妈妈说的那样独一无二。

三、多给孩子机会尝试训练独立完成的能力

随着孩子越来越大，你是不是也逐渐感受到他们日渐增强的自我意识?

“我自己”“我来”“我会”，成了孩子最常挂在嘴边的口头禅，想要自己独立完成的欲望，是孩子日渐长大的证明。但当你看到孩子什么都想自己来的时候，直觉反应是不是急着阻止或

插手？

有的父母甚至还会边帮忙边唠叨：“瞧你笨手笨脚的，妈妈做不是快多了吗？”你以为自己的帮忙对孩子是助力，但你不知道的是，你正在摧毁孩子的自信。

你告诉孩子：“这杯水你怎么端得好呢？别端了！”久而久之，孩子真的会认为自己做不到，不愿意自己尝试。你告诉孩子：“这太难了，爸爸来就好。”几次下来，孩子什么事都会觉得困难，变得越来越依赖父母，等有一天孩子大了，你才警觉：“为什么我的孩子什么都不肯自己动手？”可惜已经为时已晚。**父母过度的干涉和协助，不但剥夺了孩子学习的机会，也打击了他们的信心。**

就从简单的生活自理能力开始训练，父母可以视孩子的年龄和能力，由易到难训练他们独立完成，像是穿脱不用系鞋带的球鞋、穿脱有拉链的外套，等孩子技巧纯熟一点，再让他们尝试穿脱有扣子的衣服、有鞋带的鞋子。指导孩子做功课或练习其他才艺也是一样，一开始父母先以引导的方式指点孩子，后续的部分就放手让他们尝试。慢慢地你会发现，孩子在这样的过程中越来越有成就感，可以独立完成任务的能力也让他们越来越有信心。

不管你再怎么舍不得，总要接受孩子长大之后会脱离父母成为独立个体的事实。假使父母在孩子年幼时，没有培养出他们独立自信的个性，那么受苦的不只是以后在社会上屡次碰壁的孩子，还有得一辈子推着孩子向前走的父母。

四、少批评多鼓励，具体赞美建立自信

东方父母常有这类教养的误区，认为总夸孩子会导致孩子得意忘形，只有时时提醒孩子的缺点，他们才会越来越好。所以习惯用否定的口吻跟孩子说话，就算是赞美，后面也要补上一句带着讽刺意味的话。

明明孩子已经很努力准备考试，成绩也比上次进步了，父母却偏偏要说："是比上次进步啦！但要是考100分就更好了！"

明明孩子自动自发地把房间打扫干净了，父母却说："哇！我有没有看错啊？你居然肯自己整理房间了？太阳打西边出来了！"

这样的话对孩子来说一点儿帮助也没有，甚至可以说是在否

定孩子的努力，心思细腻一点儿的孩子甚至还会认为：“我再怎么努力也没用，妈妈永远觉得我有做不好的地方。”

如果要赞美孩子，那就要真诚具体地告诉孩子父母觉得他哪里做得好，比如：“你把房间整理得这么整齐，妈妈觉得你做得真棒！”“功课写得这么整齐，你真是主动学习的好孩子。”孩子才能明确地知道，是因为什么样的行为受到鼓励赞赏，越来越明白自己有什么优点和长处，这对于自信心的建立很有帮助。

而像“你好乖”“你好可爱”“你好帅”“你好聪明”这类太过笼统的赞美，不但没有办法让孩子明白自己为什么受到赞美，反而可能让他们过于注重外貌的追求。

在鼓励声中长大的孩子，不但充满自信，也充满正能量。他会在父母具体的赞美声中，清楚知道自己有什么样的长处，因为受到鼓励，他会更有动力要求自己越做越好。

假使在成长过程中没有建立足够的自信，孩子自我肯定程度会越来越低，甚至认为“这个世界少了我，也没什么差别”。

你希望自己的孩子活得这么没有自信、这么不快乐吗？

相信答案一定是否定的，既然如此，就从现在开始改变你对孩子说话的方式吧！你可以真诚地告诉他：“你能靠自己的力量完成这些事，爸爸妈妈真以你为荣！”相信孩子回报给你的，一定是最灿烂、最开心的笑容！

第4章

做情绪的主人，调节孩子的负面情绪

有开心、快乐的正面情绪，自然也会有生气、伤心的负面情绪，但大部分的父母一听到“负面情绪”这个词，就会不由自主地皱起眉头，对他们而言，孩子有负面情绪就是代表“爱哭、脾气不好、不好带”，所以当孩子身上这些负面情绪爆发时，爸爸妈妈的直觉反应通常是禁止和斥责。

“怎么可以这么爱生气呢？”

“不准哭！羞不羞啊！”

“有那么严重吗？需要气成这样？”

像这样的话你是不是也常对孩子说？但说了之后，孩子的情绪平复下来了吗？

或许表面上看起来，孩子因为父母的大声斥责或威胁，停止哭闹、生气了，但实际上呢？他们并没有实际练习处理负面情绪的机会，长大后会变得习惯压抑自己所有的情绪，连面对自己情绪的能力都没有，又怎么有办法去解决问题？

其实情绪并没有对错之分，好与坏是人们贴上的标签，大家都认为爱笑、乐观、开朗的孩子才讨人喜欢，而天性比较敏感、怕生、爱哭的孩子，他们真实的情绪难以得到同理对待，有的父母甚至会拿其他孩子来比较："为什么别人的孩子脾气就不会这么差？""你看看哥哥，像你这么爱哭吗？"这么做不但无益于孩子正确处理负面情绪，反而会让他们对自己产生怀疑和否定，认为自己就像父母说的那样脾气差、爱哭、比不上别人。

父母不妨换个角度去想，有负面情绪是再正常不过的事情，身为大人的我们都会有生气、伤心的时候，更何况是生理、心理都尚在发展阶段的孩子呢？况且，负面情绪的产生就一定是坏事吗？

因为感到害怕，孩子才有机会学到如何保护自己。

因为感到生气，孩子才有机会学到如何正确地表达愤怒。

因为感到伤心，孩子才有机会学到如何克服悲伤、重新振作。

所以当孩子有负面情绪产生时，父母要做的不是一味地禁止，而是先接纳他们的情绪，当孩子感受到被接纳了，他会因为有安全感而逐渐冷静下来，才有办法平静、理性地面对自己的感觉，知道该用什么样的方法去应对和解决。

著名的心理学家弗洛伊德曾以水库蓄水来形容人类情绪的累

积，他认为：“水库储的水，如果超出水库能承受的容量，而没有泄洪的话，水库就会决堤。”这个理论正好解释了，为什么一个人的负面情绪持续地积累压抑，但都没有适当发泄，最后的结果不只是情绪崩溃，甚至会影响生理健康。

从医学角度来说，小至感冒大至癌症，都被怀疑和心理压力有关。不少临床数据更显示，高达90%以上的癌症患者，与心理、情绪都有直接或间接的关系，像是精神创伤和负面情绪，都可能成为罹患癌症的前兆，这正好和我们常听到的“病由心生”这一说法不谋而合。

既然负面情绪无法避免，对人们的影响却又这么大，与其抗拒逃避，倒不如先接纳自己和孩子都会有负面情绪这个事实，假使父母和孩子都能在情绪风暴里学习到调整的方法，不正是最大的收获吗？

孩子爱生气，父母怎么教

中秋节放假，育慧夫妇带着两个孩子回老家和家人们团圆过节，孩子们聚在院子里玩，大人们在客厅聊天叙旧，聊得正起劲儿时，育慧突然听到儿子威威气冲冲地说了一句：“我就不要，讨厌死了！我不玩了！”

然后就看到威威气得满脸通红地走进来坐在客厅椅子上。

“你又怎么了？刚刚不是还玩得很高兴吗？”育慧上前关心地问。

“我跟君杰哥哥说我要先投篮，问他可不可以让我先投，可他就是不肯，还说我插队！”君杰是跟威威相差一岁的表哥。

“这有什么好生气的？哥哥不让你就等一下啊！”育慧有点无奈，没好气地说。

说来烦人，她这个儿子从小脾气就特别差，也不知道是遗传谁。常常一群孩子玩得正开心时，就会听到威威生气怒吼的声音。每次他总是兴冲冲地想跟别的小朋友一起玩，结果却常常是闹得不欢而散。搞得身为父母的他们，带威威出去压力也很大。

威威还小的时候，他们夫妻俩以为孩子都是这样，脾气来得快去得也快，没当一回事，没想到现在威威都小学三年级了，爱生气的个性却一点儿也没改变，育慧担心得不得了，生怕这孩子长大以后如果还是这个坏脾气，无法在社会上跟人家相处。爱生气真的跟老公说的“小孩子就是这样，长大就好了”吗？

一听到“生气”这个词，确实会让许多人摇头皱眉。的确，一个成天笑眯眯的孩子，跟一个成天嘴噘得老高、气嘟嘟的孩子相比，绝对是前者比较讨人喜欢。

但是你知道吗？有专家认为，生气其实是人们最健康且最有益的情绪表达方式，因为它可以让你舒缓压力，了解自己的问题在哪里，**如果表达得当，适度的生气甚至可以成为有效的沟通工具，拉近你和争执对象的距离。**

但当生气超出你能控制的范围，就有可能带来伤害，轻者口头伤人，严重的甚至造成暴力伤害，一个人假使常常因为气过头而情绪失控，他的人际关系很有可能也不是太好。所以上述故事中，威威母亲的担心不是没有道理，乱发脾气并不是孩子的专利，在儿时无法学会控制情绪，更不可能“长大就好了”。因此**我们要教会孩子的，并不是“不可以生气”，而是如何“好好地生气”。**

一、接受孩子有生气的权利

大部分父母在面对因为生气而大哭大闹、摔东西、推人的孩子时，直觉反应通常是：“不准生气！”“你看看你，又生气了！脾气怎么这么差？”但你想过这些话背后的含义吗？

“别生气了！不准哭！”等于在告诉孩子：“不管什么情况，你都不能发脾气，你有情绪就是不可以！”这样孩子会渐渐变成一个压抑情绪、心里有话不直说的人。

“你看看你，又生气了！脾气怎么这么差？”等于在告诉孩子：“你就是一个爱生气的人，你就是脾气差！”孩子会认为自己真的就是这样的人，渐渐变得脾气越来越坏，稍有不顺就用生气来表达。

发脾气，其实也是孩子长大的一种证明。因为长大了，他们才懂得在面对不利于自己的情况时，用生气表达抗拒不满的情绪，**假使孩子生气的情绪能够处理得当，也就等于他们学会了如何适当表达自己的不满，替自己争取权益。**这样看起来，你还认为生气一定就是不好、不对的吗？

既然明白在孩子生气时禁止和责骂是于事无补的，那么不妨换一个角度去理解接纳：“爸爸妈妈知道你很生气，这种感觉真的很不好受。”“玩具被妹妹玩坏了，你很生气是不是？”**当孩子的感受被同理了，他们愤怒的情绪会跟着缓解，自然不需要用强烈的肢体语言去发泄，也才有可能冷静下来去想解决之道。**

相反地，假使在孩子发脾气时，听到的都是这样的话：“弟弟还小啊！又不是故意把你堆的积木弄倒的，你这么生气做什么？”“这有什么好生气的？你看看别人，有像你这样爱发脾气的吗？”生气的情绪不但无法获得缓解，还有可能转化成其他更激烈的方式表达，长时间积累下来，孩子会因为情绪无法被同理，脾气变得越来越差，父母教养起来也会越来越使不上劲儿。

二、稳定孩子情绪，一起找出生气原因

不管是大人还是孩子，绝不会无缘无故发脾气，如果能够找出让自己生气的原因，在往后有类似状况发生时，就会知道怎么避免，这样的生气才有意义。

但是当一个人身处情绪风暴时，确实很难找出触怒自己的原因，这时候就**需要父母的陪伴和引导，让孩子能够在情绪稳定下来之后，学会自己厘清生气的原因。**

一个盛怒的孩子需要什么呢？或许是爸爸妈妈温暖的拥抱让他有安全感；或许是在爸爸妈妈的陪伴下一起深呼吸冷静下来；能让每个孩子冷静下来的方法或许不尽相同，但他们当下需要的绝对都一样：父母的同理和陪伴。

情绪平复之后，再引导孩子回头思考生气的原因，当再有类似情况发生时，孩子就能够按照之前的经验，明白应该怎么处理。

比如，在孩子生气时，引导他们说出当下的情绪："你这么生气，是不是因为积木快要堆好了，妹妹却不小心碰倒了？""是不是因为想睡觉了，所以你现在很累、心情很差？"慢慢地，孩子就能循着父母引导的方式冷静下来，甚至理出引爆

情绪的导火索。

如果几次下来发现，孩子在生理需求没有被满足时特别容易发脾气，那么爸爸妈妈就会知道，让孩子午觉睡足或是吃饱再出门，当生理需求被满足之后，孩子的情绪自然也会比较稳定。

如果是因为想做的事做不好而大发雷霆，如积木倒了、衣服不会穿等，那么父母要做的，就是提高孩子的挫折忍受度。

如果是为了父母无法满足自己的要求发脾气，爸爸妈妈就要温柔坚定地告诉孩子自己的立场，比如，“妈妈知道你现在很想出去玩，但是你感冒还没好，我们待在家里玩拼图也很开心。”“爸爸知道你很想留在公园继续玩，但是我们刚才讲好只玩半个小时，现在时间到了，就该回家。”**不能为了平复孩子的情绪而予取予求，否则时间久了，孩子面对不如意的事，就只会生气，父母的管教也会因为没有原则而越来越失灵。**

三、陪孩子找出稳定情绪的方法

如果只是一味地告诉孩子“生气不可以乱扔东西”“生气不可以推人”，却没有告诉他们应该怎么表达生气的情绪，孩子的愤怒没有得到排解，没有找到正确的宣泄管道，类似的状况就会一再发生。

所以父母要教会孩子，生气的时候不要只想着用激烈地扔东西、打人的方式来发泄情绪，而是应该用更好的方式来处理情绪，如画画表达内心的感受、深呼吸或喝水稳定失控的情绪、来回踱步让自己冷静等，然后在孩子下次又乱发脾气时，提醒他：“你记不记得上次我们一起深呼吸，生气的感觉会好很多？”“需不需要妈妈陪你来回走走，陪你一起冷静下来？”

当孩子在你的引导之下，逐渐修正不当的行为，甚至学会用言语表达愤怒的情绪时，别忘了对他的进步大力赞赏和鼓励，父母的肯定绝对是他们改掉坏习惯的最大动力。

四、提高孩子的挫折忍受度

爱生气的人其实也可以说是挫折忍受度比较低。

所谓挫折忍受度，指的是一个人在面对挫折、困难时所能忍受的程度。挫折忍受度低的人，遇到一点点不顺心、不满意的事，就会因为无法忍受而立刻用哭闹或生气的方式表达情绪。所以如果提高孩子的挫折忍受度，乱发脾气的概率自然也会减少。

人生不可能永远一帆风顺，偏偏挫折忍受度并不是与生俱来的能力，所以当孩子第一次面对不如意的事情时，情绪上的愤怒和抗拒其实是再正常不过的。父母绝对不能因为怕孩子生气，或舍不得孩子吃苦，就替他们安排好优渥安逸的环境。

假使一个人因为父母的保护，在成长过程中遭遇的挫折太少，那么等到他们离开父母真正进入社会之后，在工作上遇到困难不但没有解决的能力，也会因为挫折忍受度不够，下意识地逃避问题、拒绝尝试。

建议爸爸妈妈可以视孩子的年龄和能力，给予他们刚刚好的挑战，比如，堆积木从单一的叠高慢慢进阶到盖房子，穿脱衣服训练从脱裤子、拉拉链再进阶到脱上衣、解纽扣等。当孩子认识到“原来困难是可以克服的，不会的事经过反复练习就能成功”，对挫折的忍受程度自然会逐渐提高。

有专家认为，2~4岁是挫折忍受力发展的关键期，所以别再以为孩子乱发脾气只是暂时现象，随着年龄增长就会逐渐懂事。在孩子还小时，若能趁早培养挫折忍受度，长大之后他们才能越挫越勇。

孩子爱伤心，父母怎么教

明天是幼儿园的玩具分享日，就读大班的彦彦一回到家，就兴高采烈地挑选要带什么玩具去跟小朋友们分享。最后他决定带今年过生日时爸爸送的变形金刚，那是他一段时间以来最心爱的玩具，一定要让小朋友们看看有多酷。

妈妈见状有点儿不放心地提醒："玩具分享日是要把带去的玩具借给小朋友们玩哦！小朋友们传来传去地玩，很有可能把玩具弄坏，彦彦真的要带变形金刚去吗？"

"对啊！我要让小朋友们看看我的变形金刚有多酷！"彦彦满心期待。

"你可以请小朋友来家里玩变形金刚啊，为什么一定要带到学校去呢？分享日就带拼图或玩具车去跟小朋友玩就好了，变形金刚这么贵，明天如果不小心被小朋友弄坏了呢？"

“不会啦！我会提醒他们小心的，我就要带这个去嘛！”彦彦边说边把变形金刚小心翼翼地装进袋子里：“妈妈拜托啦！让我带去嘛，我会一直提醒小朋友的！”

“这可是你说的哦！明天如果玩具被弄坏了，回来不准哭！”拗不过彦彦的坚持，妈妈只好同意了。

隔天放学，妈妈一如既往地到教室门口接彦彦回家，结果教室门打开后，妈妈看到的是彦彦哭泣的脸。

“妈妈，我的变形金刚被小朋友弄坏了，手断掉了！”彦彦边哭边说。

一旁的老师一脸歉意地跟妈妈赔不是：“不好意思，小朋友看到彦彦带来的变形金刚太兴奋了，不小心摔在地上，弄坏了。”在老师解释的同时，彦彦的哭声一直没停过。

看着孩子哭泣的脸，想到自己昨天的劝告，妈妈既心疼又生气，心疼的是孩子心爱的玩具坏掉了，生气的是孩子不把自己的劝告放心上，坚持要带这么贵的玩具来分享，现在被弄坏了能怪谁？

“哭什么哭！昨天就跟你讲过了吧！叫你带别的玩具来，你就是不听！”妈妈忍不住责备彦彦。

妈妈的责备让彦彦更伤心，哭声更大了：“我跟同学说了要小心啊！我怎么知道他们会一直抢着玩，呜呜……我的变形金刚！”

“别哭了，回家！太丢人了，都上大班了还这么爱哭！晚上爸爸知道了一定会生气的！”妈妈边骂边把彦彦拉走，走廊上还回荡着彦彦的哭声……

哭，是人类表达情绪最直接的方式。最明显的例子，就是还不会说话的小宝宝，不管是饿了、尿布湿了、想睡了，所有想跟大人表达的情绪，都用哭来表达。所以**如果大人对于孩子哭泣的行为，只是一味地禁止，却不去了解哭泣背后的原因，等于是在强迫孩子压抑伤心的情绪。**

尤其是中国父母因为深受“男儿有泪不轻弹”观念的影响，让他们对于男孩子掉眼泪的行为更无法容忍，觉得爱哭的男孩就是胆小、懦弱、没用。但**通常这类自小就被迫压抑负面情绪的男孩，长大之后情绪控制的能力是最薄弱的。**

悲伤明明就是孩子最真实的情绪，为什么要强迫他们压抑或者漠视呢？

身为大人的我们会因为失恋、工作不顺而伤心哭泣，孩子的身心发展没有大人成熟，但只要哭泣就会被当作不乖、丢脸，这不是很奇怪的一件事吗？

所以，教会孩子正确地面对伤心吧！**只有学会真实地面对自己内心的情感，长大之后他们才有面对压力和困难的能力。**

一、同理孩子的伤心，拥抱和陪伴他

大概很少有父母可以心平气和地面对一个大声哭泣的孩子。不可否认，孩子的哭声听久了确实有些烦人，尤其在你疲累了一天、正想好好休息时，看到孩子又因为一点点小事哭得声嘶力竭，真的很容易让人理智崩溃。

但回过头来想想，当你伤心哭泣的时候，最需要的是什么。

你最需要的，也就是最亲密的人给你一个温暖的拥抱，告诉你："你现在一定很伤心吧？我在这里陪你，听你说说话。"

只要这短短的几句话，孩子会知道原来他的伤心和难过是正常的。**父母的拥抱和陪伴，更可以让他感受到满满的爱，知道自**

己在伤心无助的时候并不孤单。

二、不要急着打断孩子哭泣，陪他找到平复情绪的方法

在孩子伤心哭泣的时候，你是不是也曾经说过这样的话：“再哭下次就不带你出门了。”“不哭的小朋友才乖哦！”“再哭妈妈就要生气了！”或许孩子因为你说的这些话停止哭泣了，但他们心里的悲伤并没有获得排解。

哭泣是孩子表达伤心的方式，如果父母只是一味地要求他们“不准哭”，或企图用打骂、胁迫的方式阻止孩子哭泣，有时反而会让孩子哭得更伤心，因为他们的伤心不但没有被父母理解，反而招来一顿责骂。久而久之，孩子会习惯隐藏自己不被接受的情绪，甚至影响他们长大后表达真实情感的能力。

相反地，伤心的情绪如果能够获得充分的倾听和宣泄，孩子身体内积聚的负面情绪会越来越少。

所以不要在一听到孩子哭泣就急着制止，不是不哭就没事，也不是跌倒了没有哭才叫作勇敢，而是应该让孩子在哭够之后找到平复情绪的办法，这样他们才有能量勇敢面对问题，找到

解决的办法。

练习多次之后，你会发现孩子已经学会用自己的方式平复伤心的情绪，这样的他们，也等于拥有了自我疗伤的能力。

三、找到孩子伤心的源头，让他明白哭解决不了问题

引发孩子伤心的原因有很多，也许是失去心爱的宠物，也许是跟妈妈暂时分开引起的思念。当孩子哭得连话都说不清楚的时候，父母可以试着替孩子说出感受，让他们搞清楚自己为什么这么伤心。

“宝宝还想玩，不想睡觉，所以很伤心是吗？”“想吃的苹果吃完了，心里很难过，所以才会一直哭，对吗？”“去上学就要跟妈妈分开，下午才能再见面了，你觉得很伤心、很难过是吗？”在说这些话的同时，孩子明白自己伤心的感受已经被同理了，情绪自然会逐渐平复下来。

每个孩子对于伤心所需要的平复时间都不一样。有的孩子可能上一秒还因为玩具被抢走而哭哭啼啼，下一秒就开开心心地和同伴去玩了；有的孩子却可能一哭就是20分钟、半个小时的。但

不管伤心的时间是长是短，父母都必须让孩子明白，哭是解决不了问题的。“妈妈知道你很伤心，那等你哭够，我们一起来想想有什么办法。”“你看，其他小朋友已经去玩滑梯了，你是在这里继续哭，还是跟他们去玩呢？”让孩子知道，除了哭泣之外，他还可以有别的选择。

接下来父母可以进一步引导孩子：“你一直哭的话，爸爸妈妈都没有办法帮你啊，我们一起来想想看，有什么办法可以让心情好一点呢？”“想吃的东西吃完了，我们可以做点别的什么事，让自己开心起来？”“上学太想妈妈会伤心，那把妈妈和你的合照带到学校去，想妈妈的时候拿出来看一看好吗？”引导孩子找到其他解决办法，他们自然也会明白，哭是解决不了问题的，而爸爸妈妈会陪伴他，让他在情绪宣泄过后，学到如何用不同的方式平复伤心的情绪。

孩子容易失望，父母怎么教

星期六早上8点不到，两个孩子就跳上床兴奋地喊：“爸爸妈妈，起床了！你们说好今天要带我们去动物园的，不要再睡了！”

昨晚为两个孩子准备野餐点心到深夜才睡，小梅其实还困得很，眼皮还很重的她勉强起身下床：“好啦好啦！就不能让我再多睡一会儿吗？累死了！”小梅嘴上虽然抱怨，但仍旧朝浴室走去，准备刷牙洗脸，回头见到两个孩子还站在原地，她忍不住催促：“还站在那干吗？快去换衣服啊！换好后就出门。”两个孩子听到妈妈这么一说，欢呼着冲进自己的房间，打算速速换好衣服出门。小梅刚走进浴室，水龙头还没开，就听到兄妹俩失望地大喊：“妈妈，下雨了！”

小梅拉开窗帘一看，果然下起毛毛细雨了，照这雨势看来，大概会下一整天吧！

“没办法啦！这雨我看不会停了，动物园改天再去吧！”小梅走到客厅告诉兄妹俩。

“不行！我们一定要去！”两个孩子发出抗议声。

“下雨了怎么去？别无理取闹了！待在家里玩吧！”小梅转身走回房间。

“呜……妈妈说话不算话，答应我们要去动物园的……”年纪比较小的妹妹失望地哭了起来。

孩子的哭声让小梅也心烦了起来，忍不住对他们大吼：“下雨是我的问题吗？老天爷要下雨我有什么办法，跟我发脾气干吗？”

妈妈的怒骂让两个孩子更伤心了，失望的哭声越来越大……

丽如带着3岁的儿子小米参加图书馆的听故事活动，故事说完后，志愿者妈妈和孩子们玩起有奖问答的游戏，答对的小朋友可以获得一张贴纸。

小米非常想抢答，速度却总是慢人一拍，所以一张贴纸也没有得到，他忍不住失望地哭了起来："我要贴纸啦！我好想要！"

"小米乖，下次举手快一点就有贴纸啦！妈妈下次再带你来听故事好不好？"丽如企图安抚孩子。

"我不管，我就是现在要，呜呜呜……"小米不理会妈妈的安慰，继续哭泣。

丽如不忍心见到孩子那么失望，于是牵着小米去找图书馆的工作人员，恳求对方："请问一下，刚才发的贴纸可以给我们一张吗？孩子好想要，拿不到很失望。"

工作人员看着真诚请求的丽如和她身边因为失望而不停哭泣的小米，不知道该不该破例把贴纸拿给没有得到答题机会的小米……

上述故事里的两个母亲，一个是不能同理孩子的失望，另一个则是不忍看到孩子失望。但不管是哪一个母亲，她们都忽略了教会孩子一件事：人生不可能永远顺利开心，**唯有学习面对失望，孩子才能重新整理心情，振作起来。**

人之所以会有失望的情绪出现，是因为期望的目标无法达到，或是想要的东西得不到，而这两种情况在孩子的成长过程中，都是无可避免的。既然知道失望是人生一定会面临的情绪课题，所以**父母要做的，不是避免孩子跟失望接触，而是要帮助他们克服失望的情绪，从低落的情绪里走出来，乐观地迎接未来的挑战。**

孩子如果能够尽早学会面对失望，对养成乐观积极的人生观会非常有帮助，遇到挫折也不容易放弃。但应对失望的能力，绝对不是与生俱来的，需要靠父母善用以下方法，耐心地陪伴和引导才能养成。

一、同理孩子失望的感受，导正他们失望时的不当反应

许多大人看起来没什么的小事，却可能是孩子当下最在乎、最无法接受的大事。所以你会看到孩子因为画很久的画被揉烂了而大哭、下雨无法出门玩滑梯而沮丧失望，这时候父母要做的第一件事，就是让孩子明白他的感受有人理解。

“原本订好的旅行没办法去了，如果我是你，也会感到很失望的。”

“期待很久的足球比赛因为下雨取消了，你心里一定很失望吧？”

这短短的几句话可以有效地调节孩子的情绪，让他们明白自己会有失望的情绪并没有错，只是要用对方法来表达。

有的孩子在失望时会号啕大哭，有的孩子失望时会倒地耍赖，有的会独自生闷气，这时候父母不要急着责骂讲理，等孩子失望的情绪平复一点之后，再告诉孩子：“爸爸妈妈知道你很失望，但是你发脾气解决不了什么问题。”“你躺在地上耍赖，天气能变好吗？我们还是一样不能出门啊。”**让孩子明白，父母可以理解他的失望，但不允许他用失控的方式传达情绪。**

二、父母要舍得让孩子失望

所有父母都是爱孩子的，因为爱，所以有很多父母总是尽全力满足孩子的需求，舍不得他们有一丁点儿的失望难过。但这样的保护，对孩子而言，真的好吗？

人生不会永远平顺快乐，父母更不是万能的，不可能达成孩子所有的愿望和要求，及早让孩子学会面对失望，也等于在培养他们的抗压性。假使父母因为不忍心看到孩子失望，凡事有求必应，总把孩子的需求放在第一位，当孩子日渐长大后进入团体生活，发现这个世界并不是围绕着自己打转的，到时候要承受的失落和失望，可能会使孩子对生活失去信心，甚至可能遇到一点点不如意的事，就想逃回父母温暖的羽翼下。**父母自以为舍不得让孩子失望的美意，最后反而成了阻碍他们在社会上立足的绊脚石。**

所以在孩子对父母提出请求时，要视情况和能力适度地拒绝他们，在孩子为了得不到的东西而失望时，提醒他们凡事不是自己想要就能拥有，并解释不能顺他们意的原因：也许是赠品刚好发完了，也许是有奖问答举手的速度太慢，也许是这个玩具售价超出家里能负担的预算等。

合理的失望经验，可以训练孩子战胜困境的能力、从失落情绪中复原的能力，甚至有专家认为，有能力战胜失望的人，会更容易感到快乐。这样看来，你还会觉得让孩子面对失望，他们获得的只有痛苦和伤心吗？

三、让孩子明白失望是可以被取代的

失望的感觉确实不好受，但假使孩子能够在每一次的经历中，学会用自己的方式从失望的情绪中走出，对他们而言，等于多学到一样克服负面情绪的能力。

所以在孩子因天气不佳取消外出计划而感到失望时，你可以提醒他：“下雨不能去动物园了，我们来想想看，待在家可以做什么？”然后在孩子心情渐渐好转时，告诉他：“虽然下雨不能出门让人很失望，但我们现在待在家画画也很有趣。”

通过这样的过程让孩子明白，失望的情绪虽然让人难受，但他可以选择用别的做法，取代原本失望的感觉。几次之后**孩子就会学到，与其一直沉浸在负面情绪里，不如积极地找出其他转换心情的方法，**有办法从失望情绪中迅速恢复的孩子，也会有能力帮助自己和其他人。

生活里随时会遭遇失望，在这样的过程中，**父母要让孩子明白，他们可以失望，但要懂得寻求合理的帮助、保持乐观的心态，**那么哪怕是再低潮的负面情绪，孩子终能靠自己的力量克服度过。

孩子容易紧张、害羞，父母怎么教

再过几天就是万圣节了，雅婷好几个礼拜以前就帮儿子皮皮报名参加化装游街的活动，也早早就准备好皮皮最喜欢的蝙蝠侠套装，打算让3岁的皮皮有个难忘的万圣节回忆。

活动当天，皮皮看到妈妈准备的蝙蝠侠套装，兴奋得不得了，直吵着要妈妈立刻带他出门。母子俩高高兴兴地提着糖果袋到活动地点集合，原本一路上还叽叽喳喳跟妈妈说个不停的皮皮，一看到集合地点有那么多不认识的小朋友，立刻躲到妈妈身后。

“怎么啦？你刚才不是还很期待吗？”雅婷回过头问。

皮皮还是躲在妈妈身后不敢说话，其他的妈妈见状，带着孩子友善地来跟皮皮交谈。

“哇！好帅的蝙蝠侠哦！你也要跟我们一起去讨糖果吗？”

“你的衣服好帅哦！是妈妈帮你准备的吗？”

其他的妈妈和小朋友们你一言我一语，试图跟皮皮聊天，但皮皮只是头越来越低，依旧一句话也不肯说。雅婷只好蹲下身安抚他：“不用怕啊！等一下我们就要跟大家一起去要糖果了，很好玩的！你站出来给大家看你的蝙蝠侠衣服啊！”

皮皮摇摇头，两只手牢牢抓住妈妈不放。

“唉，又来了！”雅婷无奈地想。

皮皮从小就是这样，在家里话很多，但只要一踏出家门看到陌生人，就会害羞得一句话也不肯说，任凭父母怎么安抚、陪伴都没有用。雅婷和皮皮爸爸在皮皮一两岁时一直在想，现在孩子年纪还小，相信长大一点就不会那么害羞，但现在都3岁半了，还是这么怕生，有时看着别人家的孩子那么落落大方，雅婷心里好生羡慕，皮皮外婆曾说：“你就是因为都是自己带，孩子才这么黏你。”难道真如皮皮外婆所说的那样吗？是不是该接受朋友们的建议，早点儿让孩子去上学，改善他容易紧张、害羞的个性呢？

你也有一个“在家一条龙，出外一条虫”的孩子吗？当孩子羞赧地躲在你身后时，你除了急着将他拉进新的朋友圈中，是不是多少也要承受旁人的一些质疑：“这么怕生，很少带出门吗？”“男孩子怎么还这么害羞呢？会被人家笑话啊！”

身为父母，你是不是也跟故事中的雅婷一样担忧，这么怕生的孩子，将来离开父母进入学校怎么才能适应团体生活？

其实不论是害羞内向还是活泼外向，本来就是孩子与生俱来的特质，只不过两者相形之下，活泼大方的孩子因为擅长与人互动，所以特别容易讨大人欢心，有的长辈甚至会在不知不觉中，质疑起天性害羞的孩子：“为什么跟你讲话你都没反应？”“怎么都不叫爷爷奶奶呢？这样没礼貌哦！”

根据统计，约有25%的孩子，属于天生害羞内向的个性，所以父母其实没有必要特别关注孩子的怕生反应，或企图把害羞的孩子改变成为活泼的孩子。**对于这样的孩子，父母需要给予引导，缩短他们对陌生人、事、物的适应时间，以及用对方法建立他们对外接触的信心和勇气。**

一、接受孩子的个性特质，不要强迫孩子

本来就内向害羞的孩子对于不熟悉的人、事、物，一定比活泼的孩子需要多一点的时间接纳和适应，这时候**他们需要的是大**

人的包容体谅，而不是指责他们不懂事、没礼貌，更不需要将他们跟落落大方的孩子比较，这种没有意义的比较只会打击孩子的自信心，甚至会让孩子认为自己给父母丢脸了。

“妈妈知道你因为不认识阿姨，有点儿紧张，不知道怎么开口讲话。”

“李叔叔是爸爸的高中同学，我们认识好久了，你要不要抬头看一下叔叔呢？”

通过这样的话让孩子明白害羞怕生不要紧，爸爸妈妈会陪在他身边一起认识新朋友。假使孩子在你安抚之下仍旧紧张不安也没有关系，生性害羞的孩子本来就比较难在短时间内习惯接受陌生环境，这是孩子的个性特质，并非他们故意不打招呼、没礼貌。父母要先以接纳的心态看待，孩子因为父母的同理和陪伴有了安全感，自然会随着心智成熟度的增长，慢慢学会该怎么跟外人相处。

常常看到许多父母，因为不希望自己的孩子成为别人口中不懂礼貌的小孩，强硬地坚持要孩子跟第一次见面的陌生长辈打招呼，“不可以这样！要叫叔叔阿姨，不可以没礼貌啊！”“叫人啊！怎么都不说话呢？”原本已经很怕生的孩子，听到父母说这些话，不肯抬起的头压得更低了，甚至还会对打招呼这件事更加抗拒，这不是反而阻碍了孩子的社交能力的发展吗？

容易紧张害羞的孩子，天性敏感，凡事小心翼翼，所以对不熟悉的人、事、物，肯定需要多花点儿时间去观察和适应，但这也是他们的优点，这样的个性特质会使得他们行事谨慎，不易出错。**当父母懂得接纳孩子的个性特质，并朝好的一面去看待，便不会觉得孩子的紧张害羞是种缺点，自然也就不会那么急着想要导正。**

二、为孩子创造社交机会，建立自信心

害羞的孩子需要陪伴和引导没有错，但绝不能因为孩子的抗拒和不安，就减少他们和外界接触的机会，这样**过度的保护，只会助长孩子对新事物排斥的情绪。**

所以在孩子还小的时候，父母可以安排一些机会让他们跟外界接触，如买东西付钱、学着点餐，先让他们适应和陌生人对话沟通，完成之后别忘了给予赞赏、鼓励。随着孩子逐渐长大，适时地为他们创造社交机会，如到公园和同龄小朋友玩、参加小团

体的亲子课程、邀请小朋友到家里玩等，这些都是培养孩子社交能力的好方法。

当然，对天性紧张害羞的孩子来说，要在众人面前展现自我是件不容易的事，但如果可以跨出成功的第一步，对孩子自信心的建立会很有帮助，他自然也不会那么羞于和外界接触。所以平时父母就要多观察孩子擅长什么，在适当的时机或场合鼓励孩子发言表现，当他们一次次在众人面前获得掌声之后，自信心也会跟着建立，更不会觉得跟陌生人接触是可怕的事。

三、循序渐进地让孩子接纳新事物

对于生性害羞的孩子，父母可以先让他从比较熟悉的人开始接触，如经常见到的亲戚、同龄小朋友，当孩子愿意跨出第一步和父母以外的人接触后，再逐步扩大他的社交范围。

带他们去陌生环境或和不认识的友人见面时，父母可以先跟孩子预告，今天要去哪里、要见谁，把行程描述得有趣一点，为见面对象在孩子面前建立友善的形象。比如，“我们今天要去的餐厅有小朋友的游戏区，听说游戏区有你最喜欢的小火车。”“等下要见面的王阿姨，就是上次给我们寄巧克力蛋糕的那个阿姨喔！”这样的预告不但可以消除孩子内心的紧张不安，也可以让他们对即将接触的人或环境多点期待感。

对家有害羞孩子的父母来说，是早点送孩子上幼儿园还是晚点送，应该是最苦恼的一件事，这个问题并没有标准答案，要根据每个孩子的个性和成熟度去做观察和评估。比较怕生的孩子，父母要多付出一点耐心陪伴他们走过入园的适应期，除了一定要准时去接，也可以让孩子带着家人的照片或心爱的小玩偶、小毯子去上学，通过这样的行为帮孩子建立安全感。千万不要抱着“送去上幼儿园就不会那么怕生”“小孩哭不用管他”的心态，在面对孩子进入幼儿园出现的不安和恐惧时，以强迫和责骂的方式回应，甚至放任他们哭泣到被迫接受上幼儿园的事实，这对孩子的心理会产生很大的伤害。

四、和孩子分享自己克服紧张的经验

别说是身心还在发展阶段的孩子了，身为成人的你，一定到现在也还有感到紧张的时刻吧！**不妨把你的经验和孩子分享，在和他讨论如何克服紧张的过程中，孩子也明白了紧张是人人都会**

有的情绪，找对方法疏导克服就好。

“爸爸明天要跟老板开会，心里好紧张。”

“过几天要到你们班上讲故事，妈妈其实有点儿紧张。”

“你紧张的时候都会怎么做呢？”

让孩子知道，原来大人也是会紧张的，别忘了分享自己是怎么克服紧张情绪的，然后讨论出适合孩子的方法。

以上台表演为例，可以让孩子先在家人面前练习，让他习惯在众人面前表演这件事，经过反复的练习，对表演内容也会比较熟练，心里比较踏实、稳定。也可以陪他一起想想在感觉紧张时，有哪些小策略可以让心情平静下来。

紧张害羞的孩子在跟他人互动时，确实需要父母多花点儿心思教养和陪伴，但只要用对方法，给孩子时间成熟，那个原本只敢躲在父母身后的小孩，终会慢慢蜕变成为积极乐观、享受团体生活的人。

孩子爱抱怨，父母怎么教

一年一度的幼儿园户外教学活动开始了，心玫特地跟公司请假陪儿子一块参加。

出发的那天早上天气真好，孩子们开心地坐在游览车上，叽叽喳喳地聊天、交换零食，每张小脸都洋溢着期待和兴奋的神情。

没想到刚抵达活动地点，就下起了毛毛细雨，孩子们看着外头的雨难掩失望。

“怎么突然下雨了？这样还可以玩吗？”

“还好我带雨衣了，不怕淋湿。”

“希望等一下雨就停了。”

大部分的孩子失望归失望，还是期待着下车去玩，突然心玫听到这样一句话：“怎么这么倒霉？出来玩还遇到下雨？”

心玫循声回头看，是坐在他们后面的一个小女孩，正噘着嘴抱怨。

“下雨也是没办法的事啊！看看等一下雨会不会停，先准备下车了。”女孩的妈妈安抚着她，催促她把背包背上，准备下车。

“最讨厌下雨了，全身都会湿漉漉的，讨厌！”女孩一边跟着大家下车，一边继续抱怨。

接下来一整天的活动里，心玫不知道听了多少次女孩发出的抱怨。

“这里好无聊，到底为什么要来啊！”

“好难吃的午餐，早知道就自己带面包来了。”

“今天穿的这双鞋太不舒服了，脚痛死了！”

小女孩每抱怨一次，都会换来妈妈的指责和质疑：

“奇怪了，你这孩子怎么这么爱抱怨啊？下次不带你来了！”

“大家都玩得很开心，只有你，一张嘴念叨不停，带你出门真的会一肚子火！”

妈妈的话不但没有制止住女孩的抱怨，反而让她嘟起的嘴噘得更高了……

现实生活中，你我身边多少都存在着这样的人吧，仿佛对什么事都不满意，生活中的大事小事都能抱怨。和这种人在一起，不但无法让你开心，而且还会因为他过多的负面情绪，让你有点抗拒和他接触。

的确，不会有人喜欢跟一个成天抱怨的人做朋友，毕竟人在抱怨时说出的话语，都是句句带刺、语带怨怼的，所以抱怨左右的不只是一个人的心情、看事情的角度，对他的人际关系也有相当程度的影响。

人都是在生气、感到不满时才会抱怨，也许在抱怨的当下，会让人有一吐为快的快感，但效果其实是非常短暂的，因为你只是发泄了情绪，却并没有真正解决问题，习惯抱怨的人，很难进行正面思考。

所以父母对于孩子的抱怨千万不要充耳不闻，或是只当他讲讲就过去了，应该正视孩子抱怨背后想要表达的，引领他一起解决问题，几次之后孩子终会明白，人生不如意事十之八九，抱怨不仅于事无补，更会让人原地踏步，陷入负面思考的泥淖里。

美国一位知名牧师威尔·鲍温，曾发起一项不抱怨的紫手环行动。他邀请参加者在一只手上戴紫手环，当发现自己在抱怨、发牢骚时，则必须将紫手环移到另一只手，只要能够连续21天紫手环都戴在同一只手上，挑战就算成功。不到一年，全世界就有80个国家、600万人参与这项活动，可见许多人都深知自己有抱怨的习惯，但又苦于没有方法去改变。所以不妨从自己和孩子做起，不管是说话方式还是思考模式，都要改掉爱抱怨的负面思维，孩子自然也不会开口闭口尽是些不中听的话。

一、了解孩子抱怨背后的意义，引导他直接说出需求

其实抱怨也是情绪表达的一种方式，跟愤怒、伤心这些直接表达的情绪不同的是，抱怨的背后可能隐含着孩子想说却不知道该如何说的话，所以**父母在听到孩子的抱怨时，先不要急着去责骂禁止，而是要静下心引导孩子说出包裹在层层抱怨底下，他们内心真正的想法。**

比如，孩子抱怨："为什么妹妹有新衣服，我没有？"他想跟父母说的可能是："为什么你们只给妹妹买新衣服？是不是只爱妹妹不爱我？"当孩子抱怨："老师最讨厌了，每天都留那么

多家庭作业！”他想表达的可能是：“每天家庭作业那么多，我好担心写不完被处罚。”

心理学家认为，人会抱怨是因为需求没有被满足，再不合理的抱怨，假使没有获得正面回应，那么抱怨只会越积越多。但大部分父母在孩子抱怨时总会急着讲理，或是责怪、质疑孩子：“你怎么这么多抱怨啊？”那么，孩子抱怨背后的需求没有被看到，他不满的情绪自然也没办法平复，引发抱怨的问题会一直存在。

所以父母在面对孩子的抱怨时，应该帮助他了解自己的情绪，找出心底最想表达的想法。比如：“你抱怨只给妹妹买新衣服，是觉得我跟爸爸没有想到你，担心我们只爱妹妹，是吗？”“你抱怨老师家庭作业总是留那么多，是希望放学后能多玩一会儿，还是担心写不完被责骂？”

鼓励孩子用正向直接的方式，取代情绪化又负面的抱怨来表达需求。

“我听到你对这件事很不满，你想不想再说详细一点儿？”

“你可以直接跟妈妈说：妈妈我也想要，这样我就明白了。”

经过多次的练习，孩子会慢慢学习到，原来抱怨不仅不能解决问题，还会令自己和旁人都不开心。他们自然会主动调整自己的说话方式，抱怨的情况也会逐渐改善。

二、教会孩子凡事都看好的一面

爱抱怨的人通常容易把焦点放在不如意、不快乐的事情上，他们可能为好不容易出来玩却遇到雨而沮丧，却忽略了下雨也有下雨的玩法、去处，没必要因为天气影响自己的心情。

人在抱怨的同时，心智也会被负面情绪淹没，连带地使得自己无法看到身边的美好事物，这样的思考模式会影响自己看事情的角度，容易忽略好事并坏事放大，所以会觉得世上所有的不幸都发生在自己身上了。

想要改掉孩子爱抱怨的习惯，做父母的就要协助孩子调整看事情的角度。

在日常生活中，从细节引导孩子多看事情好的一面，让他们明白人生当然不可能永远顺遂，但不管是多坏的状况发生，一定会有值得感恩的小事。

所以当孩子在抱怨“真倒霉，出来玩还遇到下雨”时，提醒他：“我们今天出门带伞了，真是太幸运了！说不定等一下雨就停了！”

当孩子抱怨：“真讨厌，每天家庭作业都这么多！”告诉他：“每天家庭作业都这么多，但是你都可以自己完成，妈妈觉得你做得真棒！”

通过这样的方式，**教会孩子如何在不完美中找完美，长此以往，孩子遇到挫折或困境时，懂得用正向思考，抱怨的话语自然会少很多。**

当孩子看事情习惯看好的一面，自然就不会觉得自己总是遇到不幸，爱抱怨的习惯也会跟着慢慢改掉。

三、父母以身作则，在孩子面前少抱怨、少比较

在公司忙了一天回到家之后，你是不是就习惯性地把这整天的疲累不满倾泻而出？

“没良心的老板，薪水只给那么一点点，工作永远做不完！”

“你看看人家隔壁王先生，每年光是年终奖就领多少？哪像

我们累得半死，房子还是买不起！”

你可能认为自己只是在抱怨对现状的不满，但你有没有想过这些话在告诉孩子什么吗？

“累得半死，薪水永远比不上别人，老板对我真不好！”

“我永远都这么倒霉、这么惨！不像别人有车有房！”

孩子是看着父母的背影长大的，所以当你在抱怨、攀比的同时，其实也让孩子有一种“好事永远轮不到我们”的错觉。现实生活当然不可能每天都开心顺遂，可是如果父母一遇到不顺就只用抱怨回应，**孩子在充斥怨怼情绪的环境中长大，绝对也会学到用抱怨的方式去面对问题。**

爱抱怨的父母，又怎么能要求自己的孩子不去抱怨？想想看，你是不是前一秒还在责怪孩子：“为什么总是有那么多抱怨？”

自己转头却又开始抱怨：“每天工作累得要死要活的，薪水永远只领那么一点点！”这样的你又有什么资格去责怪孩子爱抱怨？

曾经有一项研究发现，不抱怨的父母教养出来的孩子情商

（EQ）更高。当你减少了抱怨的时间，自然会多了时间和心力去正视问题和解决问题，而**重复的抱怨不但没有办法解除困境，更有可能让你的心情变糟、家庭气氛更不和谐，**所以从现在开始，停止你的抱怨吧！只有不爱抱怨的父母，才会教出不爱抱怨的孩子。

当孩子无法接受失败，父母怎么教

放学时间，蓉蓉去接孩子，心里想着：“今天学校的篮球比赛，不知道庭玮班上的比赛结果怎么样。”这一念头才刚浮现，就见到了庭玮。

“怎么样？今天篮球比赛比得如何？你练习了那么久，成绩应该不会太差吧？”蓉蓉关心地问。

“别提了，成绩糟透了！明年我不参加了！”庭玮气冲冲地回答。

“哎呀！今年成绩不好，明年再参加就好啦！气成这样干吗？”蓉蓉只当儿子是太失望了，所以说出这么负气沮丧的话。

“都怪王冠华！好几次把球传给他，结果他一个球也没投进，都是他害我们输的！”庭玮还是非常激动，“练习那么久都白练了！我再也不要参加了！”

蓉蓉无奈地看着此时此刻不愿意接受失败的庭玮，不知道怎么说才能让孩子心里好过一些。毕竟庭玮从小就是这样好胜心强，最让人苦恼的是，只要跟别人比赛的结果不如自己预期，就会气得哇哇大哭。在庭玮小的时候，蓉蓉和先生对他这一点不以为意，有的时候甚至还会假装输给他，让他享受赢的感觉。但随着孩子上学进入团体生活，身为父母的他们越来越觉得不对劲，这孩子变得越来越输不起，小至和同伴们玩游戏，大至参加学校的大型比赛，庭玮总是一副势在必得的样子，比赛结果如果不如自己预期，心情会低落好几天，甚至会拒绝再参加类似比赛。

蓉蓉很想教会孩子“没有永远第一名的人生”这个道理，但她应该怎么做，才能帮助孩子勇敢面对失败呢?

相信没有人喜欢输的感觉，毕竟失败会让人感到沮丧、失落。但**残酷的是，我们不可能永远成功，漫漫人生中，总会尝到摔倒的滋味，**偏偏现今社会，父母对孩子的期望值比过去的父母更高，都期盼自己的孩子是“人中龙”“人中凤”，不希望他们输在起跑线上。然而过度注重孩子各项成绩表现的结果，反而是让孩子越来越输不起，读书是为了得第一，参加比赛是为了拿好名次，家庭和学校忙着教孩子怎么赢过别人，却忘了告诉他们正确面对失败也是人生很重要的课题。

即使你再怎么不喜欢，也不得不承认失败是无所不在的，小至生活中的不如意，大至工作上的努力成果，哪怕你费尽心思、全力以赴，最后可能还是会面临失败的结局。失败确实让人不好受，但你有没有想过，失败也是有好处的。通过失败可以让孩子察觉到自己还有哪些不足，明白人外有人、天外有天的道理可以让他们学会谦卑。一个自小没有尝过失败滋味的人，当他真的进入学校、社会，面临现实世界的考验时，会更加不能承受失败的后果，**一个无法从挫折中站起来的人，即便能力再优秀，都会因为他对失败的零抗压性，很难有成功的一天。**

风靡全球的小说《哈利·波特》的作者J.K·罗琳，曾经在哈佛大学的毕业典礼上致辞，对这群在外人眼中几乎已经是人生赢家的毕业生畅谈失败的好处。J.K·罗琳直言自己在大学毕业第7年时，就面临离婚和失业的重大挫败，但那一次人生最重大的失败，反而让她认清自己，从中学到智慧和坚强，更提高了她的生存能力。

既然失败是无可避免的，那么与其教会孩子如何去赢，不如教会他们如何输得起。

一、接纳孩子因为失败产生的负面情绪

孩子因为社会经验不足，所以面对挫败时，难免会有愤怒、抗拒这些负面情绪，这时候他们需要的是父母的同理和陪伴，而不是指责："比赛输了就已经够丢脸了，还敢哭！""输了就输了嘛！下次再赢回来就好啦！有这么严重吗？"

孩子最在意的，其实是父母的看法，**当父母对孩子的失败宽容、接纳并给予安抚时，孩子原本浮躁不安的心情，会在最短的时间内稳定下来。**很多父母不明白这个道理，只觉得孩子输不起的态度令自己蒙羞，所以会用责怪禁止的方式否定孩子的情绪，但这样的态度，只会让孩子原本就已经很低落的心情更低落。

换个角度想，**孩子有好胜心代表他在意自己的表现，有要求自己的上进心。**爸爸妈妈应该先肯定孩子的付出与努力，安抚、稳定他们因为失败产生的负面情绪。

"练习了那么久，今天的比赛没有赢得名次，你一定很难

过吧！”

“你是不是觉得跟第一名只差那么几分，心里很不甘？”

让孩子明白爸爸妈妈可以理解他的挫败感和懊恼，同时也让孩子明白以抗拒、愤怒的情绪面对失败，不但没有办法改变事情的结果，也会让自己一直陷在负面情绪里无法自拔。

当然不是所有父母都无法同理孩子失败的心情，有一种父母是因为太在意孩子害怕失败的心情，不忍心让孩子承受这些过程。小至跟孩子游戏时假装失败，让他们尝尽胜利的滋味，大至入学后帮他们完成作业，在学校遇到一点问题就替孩子出面，但这样不当的保护，能将孩子与失败隔绝多久？最后的结果，就是教养出一点挫折都无法忍受的小王子、小公主。当有一天孩子不得不自己面对失败的考验时，那重重的打击反而更会使这些温室里的花朵一蹶不振，不知如何从失败中重新站起来。父母用尽心力保护的爱，最后反而成害，这不是一件很让人遗憾的事吗？

所以父母应该让孩子明白，失败只是暂时的结果，一时的失败并不代表永远不会成功。爸爸妈妈会陪着他一路走下去，**有父母不变的爱和陪伴，孩子才有勇气战胜人生大大小小的失败。**

二、陪孩子找出失败原因，讨论怎么做会更好

失败对人们最重要的意义就是明白自己还有哪里不足，通过总结失败经验，以求下一次或往后的成功，所以才会有“失败为成功之母”这句话。

在失败的当下，父母首先要协助孩子反省一下：“对这件事，我尽力了吗？”假使答案是肯定的，再进一步陪着孩子找出失败的原因。父母因为人生经验比孩子丰富，所以绝对有能力和孩子一起探究原因、找出解决办法。可以和孩子一起讨论：“你觉得这次为什么会失败？”“这次比赛，你觉得自己哪个部分的表现还有进步空间？”然后从探寻出来的失败原因中寻找解决对策。

以考试为例，如果是答题的速度太慢来不及检查，那么孩子可能需要训练作答的速度和准确度；以上台比赛为例，如果是太过紧张导致表现失常，那么孩子要培养的就是上台的胆量和稳定性。有的时候也可能是孩子为自己制订的目标超过他的能力范围，那当然是无论怎么努力也无法成功，这时候就需要父母的引导，带着他们重新制订和能力匹配的目标。

除了反省自己的不足，也可以提醒孩子多观察别人的优点。

“你觉得跟你们一起比赛的队伍为什么会赢？”

“这次第一名的作品，你觉得好在哪里？”

这样的提醒并不是要孩子去挑剔别人，也不是要长他人志气，灭自己威风。而是要让孩子明白，除了反省自己之外，也要懂得从自身的失败中去思考别人为什么成功。假使孩子从年幼开始，就懂得从失败和错误中学习，逐步理解并实践“他山之石，可以攻玉”的道理，他们的挫折忍受度也会在无形之中培养。

三、让孩子明白失败并不丢脸，过程比结果重要

其实人从出生开始，就注定要和失败为伍，没有人能永远都走在成功的道路上，**每个人都是在错误中不断学习，一次或是暂时的失败并不可耻。**再者，成功或是失败，其实只是人们对于最终结果赋予的定义，在结果出来之前努力的过程，往往包含许多珍贵的经验和回忆。

建议父母可以多留意孩子在过程中的付出与努力，用具体鼓励的方式让孩子知道。

“这次期中考试的成绩虽然你自己不满意，但妈妈觉得你制

订读书计划的能力进步很多，之前常因为粗心而算错的问题，这次几乎都没有发生，你让妈妈很放心！”

“你练习了那么久，球赛还是没有夺得冠军，但是你有没有发现，你投篮的命中率越来越高了？”

让孩子明白，有时事情的结果也许不尽人意，但在准备过程中的收获，有时远比成绩和名次更让人有成就感。当孩子**学会以平常心对待输赢，懂得享受过程中的酸甜苦辣和收获，**那么往后在他们的成长过程中，即使遭遇再多失败，也不会惧怕或是觉得丢脸，当然也不会有因为抗拒失败而逃避现实的情况发生。

四、父母和孩子分享自己失败的经验

有的时候，孩子也许对失败没有那么大的反应，而是父母好面子，无法接受自己的孩子不如人，哪怕只是差一点点。**父母面对失败的反应，更决定了孩子应对的态度。**假如爸爸妈妈以平常心看待，鼓励孩子：“失败没什么大不了的，重新站起来就好。”孩子自然不会害怕失败，反而懂得将失败经验化为动力，正面迎接人生道路上的挑战。

所以**要教育出不怕失败的孩子，父母自己就要先输得起。**

有的父母把希望都寄托在孩子身上，总在有意无意间强调“赢才代表成功”，甚至会为了面子，责怪起孩子的失败：“都准备了这么久，怎么还是考不好？你有没有用心？”说这种话只是在打击孩子的自信心，让孩子误以为“如果我失败了，爸爸妈妈就不爱我了”，他们的力求表现，只是为了不让父母失望，即使总是拿第一，这种表面上的成功，却是一点意义也没有。

2010年，加拿大曾经发生一起命案，24岁的年轻华裔女子珍妮弗·潘，因为不堪成长过程中背负了父母过多的要求和压力，竟然买凶弑亲。珍妮弗因为自小受到父母刻意栽培，无论是学业还是体育都有优异的成绩，在外人看来一切顺遂的珍妮弗，在升上高中后却开始尝到失败的滋味。当她发现自己的成绩已无法达到父母期望后，她开始说谎、编造自己考上好大学的谎言，事实被父母拆穿之后，珍妮弗立刻被禁止使用手机、计算机，不准再和男友见面，种种转变再加上男友移情别恋，于是让珍妮弗起了杀机，最终酿成了悲剧。

假如在这桩悲剧里，珍妮弗的父母懂得接纳自己和孩子的失败，结局是不是就会不一样？

不以失败为耻的父母，才能教出勇于战胜失败的孩子；不以失败为耻的父母，才愿意敞开心胸和孩子分享他们过往的失败经验。

“妈妈考高中的时候，其实考得很差，也伤心了很久，后来改念职业学校，也觉得收获很多呢！”

“爸爸刚毕业在找工作的时候，四处碰壁，没有公司肯给我面试机会，我也很沮丧啊！”

自己所崇拜的父母也有过失败的经验，不但会让孩子感到安心，也会让他们相信，失败是可以克服的。不用担心孩子因为一次失败就垂头丧气，因为人生来就有克服困难的能力和意愿，如果再加上父母正确的引导和教养，那么对孩子来说，失败反而会是一件好事！

第5章

孩子情绪失控，妈妈怎么办

在公司忙了一天，总算能回到家好好休息，没想到刚一踏进家门，听到的却是孩子无止无休的哭声……

休假日，你兴高采烈地带着全家出游，想好好过个家庭日，结果孩子从出门就开始闹情绪，坐车也哭、吃饭也哭，好好的一个假日，最后搞得败兴而归……

上述这样的情况是不是也经常发生在你家？每次想要开开心心地和孩子共度亲子时光，但他们常常不知道哪根筋不对，老是为一点小事就疯狂哭闹、发脾气，怎么安抚也没用，最后就演变成小孩失控、大人抓狂的场面，然后你又在每次对孩子发完脾气后懊悔，一次又一次地重复类似的情况……

很多父母以为脱离了日夜颠倒、把屎把尿的新手父母期之后，日子可以过得越来越轻松，没想到孩子进入学步期之后的种种转变，反而让父母更加手足无措……

“婴儿时期还那么爱笑，怎么越长大脾气越坏？”

“想要的东西拿不到就发脾气，这么小就这样，长大要怎么办？”

在家里，你担忧孩子的脾气个性；出门了，和别人的比较也让你感觉压力重重。

“每次出门都哭成这样，别人一定都觉得是我没教育好！”

“别人家的小孩总是笑眯眯的，为什么我们家的就这么爱生气？”

常常听到很多父母半开玩笑半无奈地说：“小孩只有睡着的时候才像天使。”“还在肚子里的时候好期待见到小孩，现在越来越大了，真想把他塞回肚子里。”这些玩笑话中多少也隐含着父母对于孩子情绪失控的无力。

但是你知道吗？在孩子出现情绪失控的状况时，父母的陪伴与理解，是帮助他们稳定下来的最大力量。而童年时期的情绪经验，对一个人的个性养成、人格发展都有十分重大的影响。一个情绪总是一发不可收、父母又无法提供正确支持的孩子，长大成人后，也很难成熟理性地面对失控的自己。

在孩子情绪失控时，父母的情绪一定要平和，并知道面对失控中的孩子，应该怎么做、不应该怎么做，这样才能提供最正面、最有效的处理方式。

6大妙招教父母应对孩子情绪失控

随着孩子的年龄增长，你是不是越来越发现，教养真不是件容易的事。小至坚持自己吃饭、穿鞋，大至出门闹着要买什么，任何一件芝麻绿豆大的事，都可能是导致孩子情绪失控的引爆点。其实小孩跟大人一样，都会有喜怒哀乐的情绪，只是因为他们的大脑发育还不成熟，所以一有情绪，就无法控制地显露出来。**父母的责任就是帮助他们在负面情绪来袭时，逐步理清自己的情绪问题，在一次次克服负面情绪的过程中变得更成熟。**

在孩子情绪失控时，父母可以从以下几个方面着手帮助他们冷静处理自己的情绪。

一、同理孩子的情绪

让我们先试想一个状况：在工作上，你努力了很久的一个项目终于结束了，你满心期待自己的努力能受到主管的肯定，结果却和你希望的大大相反。当你把满腔的沮丧和难过分享给另一半，得到的回应却是："这有什么好难过的啊？""有必要这么生气吗？"

听到这样的话，你心里会是什么感觉？已经很负面的情绪是不是无法被平复？甚至还会因为心里的感觉没有被理解，整个人陷入更加无法排解的负面情绪里？

同理，当孩子已经情绪失控时，如果父母的第一反应是斥责和禁止，那么他们的反弹和失控只会加剧。

倾听是了解的第一步，你得先了解孩子发生什么事了，才能进一步地陪他一起面对。所以在孩子又哭又闹时，爸爸妈妈可以先试着问他："爸爸妈妈知道你很生气，感觉很糟，需要我抱抱你吗？""你哭得这么伤心，今天是不是发生什么事了？"当他们听到自己的情绪得到同理了，即使负面情绪无法立即消除，但绝对会慢慢缓和下来。**父母的同理与包容，更会让孩子感受到接纳与被爱。**

家长同理孩子情绪的行为，其实也在灌输他们同理心的观念，因为自小情绪就得到同理，他们明白情绪获得别人的理解和接纳是一件非常美好的事。所以绝不会在同伴害怕哭泣的时候嘲笑对方，也不会在看到别人愤怒或生气的时候，冷酷无情地批评："有什么好生气的？有必要生气成这样吗？"

但有一点一定要牢记："同理不等于同意。"爸爸妈妈要让孩子明白"我同理你的情绪感受"，但不代表"我同意你无理取闹的行为"，所以需要具体地告诉孩子："爸爸不喜欢你躺在地上哭闹。""妈妈不喜欢你一生气就乱扔东西。""我知道你很想要那个玩具，但是你在这里大声尖叫，会吵到很多人。"明确地让孩子知道什么可行、什么不可行。

这个年代对孩子的教养讲求尊重、包容，但**在尊重孩子的同时，父母也要明确坚持管教的界线，**而不是因为同理孩子的情绪，就放任他们肆无忌惮地在公共场合哭闹、摔东西发泄。尊重过了头，最后变成放纵，那么孩子情绪失控的情况只会越演越烈，更让父母束手无策。

二、找出让孩子冷静的方法

情绪失控的孩子就像一头小野兽，旁人怎么拦也拦不住，但父母永远是最了解自己孩子的人，只有你们最清楚孩子喜欢什么、需要什么，所以要试着找出一些有助于孩子冷静的方法，帮助他们在情绪失控的时候，在最短的时间之内冷静下来。

有哪些方法值得试一试呢？

带着孩子一起深呼吸

深呼吸是情绪管理最简单的方法。医学证实，借着深呼吸的动作可以把氧气输送到肺和血管，让因为情绪失控而高速运转的大脑暂时放空，动作也跟着减缓下来。所以在孩子哭闹时，爸爸妈妈不妨试着带领孩子深呼吸，引导他吸气—呼气—吸气—呼气，重复几次直到情绪逐渐平复。

陪孩子数数

告诉孩子：“你现在很激动，妈妈陪你一起从一开始数数。”然后带着孩子数数，让他们在数数的过程中平静下来。大一点的孩子，甚至**可以教会他在预感自己快要失控时，先通过数数的方法缓和可能要决堤的情绪。**

带孩子去洗脸

洗脸时清凉的水有助于冷静情绪。通过走到浴室、拧毛巾、洗脸的这些动作，孩子原本激动的情绪也会渐趋稳定下来。

转移注意力

让孩子把焦点移转到其他事物上，他们就会忘记原本引爆情绪的问题，让自己暂时不被负面情绪所影响。

可以带着孩子先进行其他活动：

“你看，那只小狗好可爱啊！我们一起过去看。”

“天气真好，我们去外面走一走！”

“你去选一本书，我们一起来读故事。”

转移注意力并不代表刚才发生的问题就不需要处理，这只是用来缓和情绪、帮助孩子回归理性思考的一种方式。等孩子完全冷静下来之后，父母要再带着他回头思考，刚才发生什么事了。

如果能预见孩子即将情绪失控，父母此时也可以用转移注意力的方法。如引导即将接受注射的孩子，可以问他：“等一下要去哪里玩？”“今天晚餐想吃什么？”借此移转孩子的注意力，从而缓解内心的恐惧与不安。

冷静隔离法

虽然带着孩子离开让他们失控的现场，确实有助于他们摆脱负面情绪，但近年来有不少专家认为，重复地让孩子经历被隔离、孤立的处境，会影响脑部的结构，隔离带来的感觉，也等同于身体受到伤害。

所以建议家长采用这个方法时，不要将孩子留下来一个人面对，更不要在自己情绪也失控时，一把抓住孩子扔到墙角要他好好反省，这只会让孩子更感到孤立无援。在孩子失控时，可以让他们坐在某把特别设置的椅子上或坐在家里某个角落里隔离冷静。隔离的目的并非处罚，而是通过把孩子跟事发现场隔开，让他们失控的情绪得以冷却下来。

每个孩子适用的方法都不同，**父母要耐着性子陪孩子一起找出对他们而言最有效的冷静法，**这不但有助于他们在最短的间内稳定情绪，在长大成人后，相信这样的孩子绝对也有能力克服自己的情绪问题。

三、找出孩子情绪的来源，解释为什么不能满足他

待孩子情绪冷静下来之后，父母要带着他们回头思考刚才发生了什么事，让孩子一步一步清楚自己心里的感受。

“你刚那么生气，是不是因为想要的玩具不能买而感到很失望？”

“原本说好要出门玩的，结果突然下大雨没办法去，所以你才那么伤心？”

“滑滑梯太好玩了，但是妈妈一直催你回家，让你很生气？”

孩子必须先了解造成他们失控的原因是什么，才能针对问题去寻求解决办法，而父母在引导的过程也要让孩子明白，为什么没有办法满足他。

“你想买的玩具，妈妈不能买给你，是因为我们约定好，只有生日或过年时才可以买玩具。”

“下雨不能出门实在很让人失望，但是天气真的没办法预料，妈妈也跟你一样好想出去玩。”

“看你滑滑梯这么开心，妈妈也觉得很开心。不过真的太晚

了，我们必须回家吃晚餐了。”

解释完别忘了给孩子一个大大的拥抱，谢谢他们的理解。真正有效的管教，并不是父母说了才算，也不是无止境地包容孩子的无理取闹，而是亲子双方都能够完整表达自己的立场，一起协调沟通出彼此都能接受的解决方案，这才是真正做到了对孩子尊重，家庭气氛也才会和谐。

四、提醒孩子怎么解决比较好

情绪过后最重要的当然是陪孩子找到解决办法，**当他们明白还有比发脾气和尖叫哭闹更有用的方法，自然不会选择用激烈的肢体语言表达情绪。**

“想买的玩具不能买很生气，那我们可以做什么让心情好一点？”

“突然不能出门玩了，我们待在家里还有什么可以玩的呢？”

“你不喜欢突然叫你回家，那下次妈妈提前10分钟提醒你，好吗？”

用引导的方式让孩子一起动脑，针对每次的情绪来源找出不同的解决方法，孩子才能学会用正面积极的态度取代消极不当的失控行为。

我7岁的儿子对物质的需求越来越高，好几次带他出门时，看见什么都嚷着要买，拒绝他几次之后，不只他因为被妈妈数度拒绝感到很失望，我也因为他吵着要这要那的行为而感到有点烦心，甚至觉得他不体谅父母持家的辛苦。

在他嚷着想要平板电脑的一个晚上，我压制住又想唠叨的情绪，跟他说："想买的东西真的很多啊！"

儿子不好意思地点点头。

我接着再问："但是每个月家里的花费那么多，真的没办法买一台平板电脑，看看我们有什么办法吗？"

他摇摇头表示不知道。

我先提了一个方法："你可以先存钱啊！然后等伯伯那台想卖掉时，问问他愿不愿意便宜卖给你。"

他立刻接着说："还可以在回奶奶家时，跟伯伯借用。"

我马上鼓励他："对！你这个方法也可以啊！真棒！"

于是我们不再花时间跟对方怄气，反而找到新的方法，扭转了儿子失望的负面情绪，同时，儿子对自己有解决问题的思考能力也感到很高兴。

当孩子在父母的引导下，逐渐学会解决问题的方法，日后情绪失控的情况自然会减少许多，**因为他们知道，只靠生气和哭闹无法真正解决问题。**

五、用绘本教出好情绪

孩子都是喜欢听故事的，再加上绘本里的人物造型可爱、故事内容生动有趣，非常容易吸引孩子注意。有不少研究显示，绘本对于孩子的情绪教养确实有很大的帮助，这种以阅读为媒介疗愈心灵的方法称为“书目疗法”。无论是害怕、生气还是失望、失败等情绪，家长都可以找到相关的主题绘本，以说故事的方式，让孩子通过跟书中人物的互动引发心灵上的共鸣。

“原来不是只有我怕黑。”

“原来不是只有我讨厌去幼儿园。”

“原来不是只有我常常觉得爸爸妈妈偏心。”

这样的共鸣会让孩子不再觉得孤单，情绪也能因为有人同理而渐趋稳定。此外，书中主角如何处理情绪，也能带给孩子启发，爸爸妈妈可以在讲故事的过程中和孩子一起讨论：“小白兔也跟你一样常常跟妹妹吵架，你觉得他可以怎么做？”“如果是你，跟书里面的毛毛虫一样被同伴嘲笑，你会怎么办？”可别小看这些过程，**孩子在思考、讨论的同时，其实也在脑海里建构了自己的情绪处理机制，往后当他们遇到类似的情况时，就能够理性面对。**

如果你不知道如何为孩子挑选合适的绘本，上网可以找到许多专业人士推荐的情绪绘本书单，各地的图书馆也有很丰富的资源供你借阅，去替孩子挑本好绘本吧！此外，亲子共读的亲密时光，还可以拉近孩子和父母的距离，何乐而不为呢？

六、养成良好生活习惯可以稳定情绪

除了上述那些孩子情绪失控过后的应对方式，父母还应该在日常生活中帮助孩子养成良好的生活习惯，这也有助于稳定情绪。

正确健康的饮食

正确的饮食习惯不仅对身体健康有帮助，对情绪健康也有改善的功能，所以建议日常生活中饮食口味不要太重，因为过多的甜食容易造成儿童躁动，盐和味精中的钠则会使神经兴奋，某些糖分、盐分过高且只会加重身体负担的食物最好少吃。

可以让孩子多补充能够稳定情绪的食物，如坚果类食物和深海鱼，这些食物富含让头脑保持冷静的Ω-3；深色蔬菜中的钾有助于镇静神经、安定情绪；水果中的维生素C能提升专注力、调节压力，这些都是可以让人吃出好情绪的食物。

喝水也是保持良好心情的方法，因为水分如果摄取不足，体内的废物无法完全代谢出去，影响身体顺利运作，情绪自然容易不稳定。

午睡有助于幼儿情绪稳定

很多人都知道夜晚的睡眠可以帮助孩子发育成长，但是你知道吗？适当的午睡时间，一样有助于孩子的生理发展与情绪稳定，午后短暂的休息可以让人消除疲劳、恢复精神和体力。

但是午睡时间不能拖得太晚，以免影响孩子晚上的睡觉时间，晚入睡的孩子会因为睡眠周期紊乱，影响发育和学习，所以如果要让孩子午睡，最好不要晚于下午3点，才不会延误晚上的就寝时间。

午觉也不是睡得越久越好，建议家长针对孩子的年龄确定午觉时间，一般来说，1岁左右的孩子午觉时间可达2个半小时、2~3岁孩子的午睡时间应缩短为2小时、3岁以上孩子的午睡时间建议不要超过2个小时。

拥有良好的睡眠质量，孩子精神饱满、体力充沛，情绪自然也会跟着比较稳定。

避免依赖电子产品育儿

这几年智能手机和平板电脑的普及，不止家长成了“低头族”，放眼向餐厅、公共汽车望去，也常看到父母放任孩子毫无节制地低头玩手机，理由不外乎：“孩子吃饭坐不住，只好用手机播视频给他看。”“小孩只有在玩手机或平板电脑时最安静了，就给他玩吧！省得来吵我。”

某儿童福利联盟曾经做过一项调查，发现有32%的孩子，在2岁之前就已经开始接触电子产品，这显示电子产品育儿的风潮不但越演越烈，孩子接触电子产品的年龄更有日渐下降的趋势。

但是你知道吗？这些电子保姆反而成了孩子情绪失控的元

凶！因为屏幕画面的跳动和声光刺激，会造成孩子注意力无法集中，脑部受到过度刺激。另外，不管是智能手机还是平板电脑，孩子都只能单向地用手指操作，当他们低头沉迷的同时，也减少了与外界互动的机会。想想看，一个两三岁的孩子正值牙牙学语期，却因父母为了省事，让他们一直玩手机或平板电脑，而没有办法和其他人交谈对话，这不是很可惜的一件事吗？

那些玩上瘾的孩子，更可能因为日后被限制时间或禁止使用电子产品而不服管教，和父母发生冲突，破坏亲子关系。因为贪图一时方便，让电子保姆取代父母应尽的陪伴责任，日后在教养上要付出的代价却高出好几倍，这样值得吗？

“水可载舟，亦可覆舟”，电子产品和网络的普及，确实为人们的生活带来许多便利，但父母和孩子过度依赖电子产品，却可能让孩子情绪容易失控、亲子关系过于疏离。

所以父母在同意孩子使用电子产品前，要根据他们的年龄事先限制使用的时间。而且**绝不要在孩子哭闹失控时，把手机或平板电脑当作安抚的工具，**当有一天你发现只有电子产品才能让孩子冷静下来时，恐怕得再花更长的时间，才能让孩子服从你的管教。

孩子情绪失控时，父母不要这样做

在孩子情绪失控时，父母除了把焦点放在怎么帮助他们消除负面情绪上之外，还要注意以下几种会伤害孩子自尊和剥夺安全感的行为，你绝对不能做。

一、不要在公共场所打骂、处罚孩子

5岁的孩子因为不慎遗失公交卡，母亲一时情绪失控，对着孩子又打又骂，被民众拍下过程上传网络，引起外界讨论声浪……

一名幼儿园儿童，因为母亲无力管教，所以将他用绳子捆绑在路边的树上，希望对孩子达到恐吓的作用，好让孩子能听话一点儿……

这些不是电视剧里才看得到的情节，而是我们日常生活中登

上社会新闻的真实事件。的确，孩子在公共场所大吼大叫，实在是让父母非常挂不住面子的事，毕竟面对一个失控的小孩，父母已经够无力的了，还得承受旁人质疑的眼光。孩子在家吵闹虽然也让父母困扰，但至少不用担心引来旁人的关注，也不用害怕孩子失控的哭闹声造成别人的困扰，这大概也是有餐厅贴出公告明言“不欢迎爱吵闹的孩子和管不住孩子的父母”的原因吧！

但是在公共场所对孩子又打又骂，他们就真的能够学乖，能够明白自己的哪些行为不恰当吗？

答案绝对是否定的，**不管年龄多小的孩子都是有自尊心的，不顾他们的感受而在公共场所当众辱骂甚至动手，孩子记得的只是父母的失控，并不会记得自己不当的行为。**

有的父母其实是因为旁人的眼光让自己感到窘迫，担心别人认为自己是没有教育好孩子的失败父母，所以需要通过打骂的行为解除这样的窘境。但你想过吗？这样的管教是真的在教孩子，还是只教给别人看？

既然不能在公共场所打骂孩子，难道做父母的就要放任孩子在公共场所任性哭闹，拿他们一点办法也没有？当然不是。

在孩子失控时，你需要对被干扰到的旁人表达歉意，但更应该把焦点放在自己和孩子身上，通过这样的机会，教导孩子在公共场所有得体的行为和尊重他人的礼节。绝不能因为怕自己遭到批评，反而把这些情绪加诸孩子身上，这样的你，又何尝不是跟孩子一样，也陷入情绪失控的泥淖之中？

当你的孩子在公共场所哭闹时，首先要了解他是不是因为生理需求没有获得满足而发脾气，如果不是，当他在得到安抚之后，仍旧无法冷静下来，则可以先将他带离现场，既可以让孩子离开让他失控的情境，也不会打扰旁人，把孩子带到没有其他人的安静角落，好好引导他排解不满的情绪。

另外，**为了避免孩子在公共场合情绪失控，你可以在出门前做好这些准备。**

让孩子吃饱睡好再出门，一个又饿又累的人，情绪很容易一触即发。

出门前事先预告今日的行程：让孩子知道今天要去哪里，决定好了就尽量不要有变动，有助于稳定孩子情绪。比如，我们今天要去超市买菜，所以不会去公园滑滑梯。

出门前约法三章，和孩子一起遵守执行。

例如，今天没有买玩具的计划，如果孩子哭闹着要买，我们就回家。假如孩子真的因为要买玩具而在公共场合大哭大闹，就温和坚定地提醒他出门前的约定，提醒无效之后，就带他回家，绝对不能为了制止孩子在公共场合的哭闹行为，就接受他不合理的要求。

几次之后孩子就会明白，父母对于约定和规则是会实际执行的，所以他必须理性遵守。

出门时准备一些孩子喜欢的玩具、小点心，在他们躁动时拿出来安抚情绪。

带孩子出门的确是又累又考验父母智慧的事情，但换个角度想，孩子可以通过在公共场合的偶发事件，学会行为得体和尊重他人，不也是一举多得的事吗？

二、不要急着纠正和说教

有很多孩子在情绪失控的一瞬间，都会出现摔东西、放肆哭闹的不当行为，这时候通常会伴随着一旁家长的怒吼声：“你生气就可以乱丢东西吗？”“小孩子怎么可以脾气这么坏？”

但孩子会因为父母的责骂就停止发脾气的行为吗？**数落孩子的不是，并没有办法修正他们的行为，反而可能因为一直听到父母说不要、不可以，引起孩子的反感。**个性倔一点的，甚至会挑战父母的极限：“妈妈越不准我摔东西，我就越要摔！”

面对暴怒中的孩子，父母要镇定，温和坚定地告诉他：“爸爸妈妈知道你很生气，但你用哭的方式表达，我们帮不了你。”如果孩子出现危险的举动，如跑到马路中间、伤害自己或他人，为了安全起见，父母一定要立刻禁止或阻挡。

还有一点是很多父母会忽略的，就是父母在孩子情绪爆发的当下，都会急着训斥说教，习惯用大人的角度去评判孩子，甚至认为他们的伤心、生气都是自找的，比如，“早就告诉过你，好好走，不要跑了，就是不听，现在跌倒了活该！”“我有没有跟你说过，将玩具带到学校可能会被同学弄坏，你偏要带！现在真的坏了吧？哭什么哭！”

有句话说得很好：“家是讲爱的地方，不是讲理的地方。”这句话不管是放在夫妻之间还是亲子之间的相处上，都很有道理。父母的职责当然是引导孩子明白哪些行为是可以做的，哪些不可以，但这不是为了验证“大人说的都是对的，小孩子照听就是”。再说，一个人在生气、伤心时，情绪已经主导他的行为意识，耳朵更是关上的，所以你说再多道理，他一句也听不进去。**如果父母的口气带着责备或嘲讽，孩子的负面情绪只会无止无休地继续放大。**

如果是大一点的孩子，面对父母唠叨说教的管教方式，还很容易顶嘴，最后沦为亲子之间的口舌之争。**不如先让孩子适当地发泄完情绪，待他可以理性沟通之后，再和孩子一起讨论刚才发生的问题。**

三、不要做出剥夺孩子安全感的行为

面对大哭大闹的孩子，很多父母常会脱口而出下面这样的话。

“再生气我就不爱你了！”

“再吵我就把你送给别人！”

“你就是因为这么坏才没人喜欢你！”

有的父母还会把哭泣的孩子留在原地，作势离开，并警告孩子：“你还哭，我要走了，不管你了！”

短时间看来，这样的方法好像有效，孩子在听到这些话时的确不哭了，但那是因为他们害怕失去父母的爱、害怕真的被送给别人，因为害怕所以只好听从父母的管教。但是**时间一久，这样的管教方式会让孩子越来越没有安全感，陷入不知道什么时候会失去父母的恐惧中，为了讨好父母不敢闹情绪、不敢哭泣，变得只能压抑隐藏真实的情绪。**

你可能以为自己只是吓吓孩子，讲几句话而已，没什么大不了的，但是你知道吗？假如孩子自小只能用讨好的方式跟父母相处，他们会以为只有靠乖乖听话和良好的表现，爸爸妈妈才会喜欢疼爱自己，这会导致他们长大之后对自己没有信心，只懂得用讨好别人的方式去经营人际关系，这也是为什么我们常看到许多人在爱情里患得患失，生怕哪里做得不好就会被遗弃，这种不平衡的关系其实并不健康。

或许“把你送给别人”“不要你了”这样的话，在孩子年幼时起了恐吓作用，但随着孩子的年龄增长，他们也会知道：“妈妈每次说要把我送给别人，根本是骗人的！”“爸爸每次说要把我丢在这里，等一下还不是又走回来！”很快地，孩子会越来越不把你说的话当一回事，往后在他们情绪失控时，你只会更加无计可施。

孩子就是因为还没有能力解决他们碰到的问题，才会这么无助，所以只好先用生气或伤心的方式表达情绪。假如父母总是使用这种剥夺孩子安全感的管教方式，不但无法帮助他们冷静下来，反而会使他们陷入不安与惶恐，越来越缺乏安全感和自信。

父母对孩子的爱应该是无条件的，而非建立在“我乖，爸爸妈妈才会爱我；我不乖，他们就不要我了”这样的交换条件上。

四、不要把过错都推给别人

每个孩子都是父母捧在手心里的珍宝，看到他们跌倒或遇到挫折哇哇大哭时，很多父母心疼之余会不小心说出这样的话：

“地板害宝宝跌倒了，地板真坏。”甚至作势拍打地板，逗得孩子哈哈大笑。

“某某同学不借你玩具，是他太小气，我们不要理他。”

“比赛没取得名次没关系，是评审不懂得欣赏，我们再努力就好！”

你可能以为孩子听到你这么说，会因为感受到父母的心疼和呵护，负面情绪会逐渐冷静下来，但是你想过这些话的背后隐藏着什么样的教养危机吗？

“都是地板害我跌倒的，都是地板的错！”

“都是同学太小气，不肯借我玩具！”

“都是评审没有眼光，不懂得欣赏我的作品！”

发现了吗？这样的你在教育孩子，不管发生什么事，都是别人的错，孩子都没有错！**遇到失败和挫折，其实是训练一个人抗压性和解决问题能力的最好时机，能够从失败中看见自己的缺失并加以改进的人，才有办法越挫越勇、越变越好。**如果连做父母的你，都用言行告诉孩子“一切都是别人害的”，他们又如何懂得反省自己？

一个不懂得反省自己的人，不但无法从失败和挫折中学习，这种“千错万错都是别人的错”的思考模式，更会让他们长大之后，遇到任何事都习惯责怪别人，以各种理由掩盖自己的缺失、把过错推到外界环境和别人身上，团体里出现这样的人，有谁会愿意跟他相处共事？

孩子天真无邪的笑容固然可爱，但做父母的不能因为舍不得看到他们伤心哭泣，而在孩子陷入负面情绪时，为了让孩子好受一点，搬出一堆其实并不成立的理由安慰，表面上看起来孩子的负面情绪是得到安抚了，但真正造成失败的原因被察觉了吗？相反地，**父母这样过度的保护，只会让孩子的抗压性越来越低，遇到问题时总是下意识地推脱责任。**

遇到问题总是习惯责怪别人，并不会让孩子感到快乐，却会让他们永远无法长大，害怕承担责任，这样的结果，是你希望的吗？

五、不要以暴制暴、威胁压迫

有研究显示，3岁前接受打骂教育的孩子，5岁以后出手打人的概率会比一般孩子高出5倍。

在现代讲究爱的教育的社会氛围下，这一代的父母确实没有像上一代那样，动辄打骂孩子，但我们还是常常听到诸如此类的话。

“再哭我就要拿棍子打你了啊！”

“警察叔叔要来抓不听话的孩子了！”

“再不乖乖吃饭，爸爸要打人了！”

缺乏耐心的父母因为受不了孩子的哭声，所以想尽一切办法要孩子闭嘴、不准哭，觉得恐吓孩子要拿棍子或是搬出有警察要抓小孩，就可以达到阻止孩子行为的目的，让孩子乖乖听话。

相信“不打不成器”的传统父母，孩子一闹，棍子就真的打下去了。或许孩子为了避免遭到父母打骂或害怕被警察抓走，真的停止了哭泣、闹脾气，但他们的负面情绪其实是硬生生被切断了，因为害怕才改变不当的行为，并不是真的理解自己的行为有哪里不妥。

于是，孩子发脾气—父母打骂—孩子因为害怕而停止哭泣—父母发泄完情绪，问题还是没有解决，这样的循环只会重复出现，引发孩子情绪失控的问题永远没有被解决。所以，**其实不是你的孩子打不怕，而是打骂对于导正孩子行为真的于事无补。**

个性温和一点的孩子，如果长期生活在威胁逼迫的氛围中，会为了取悦父母，压抑自己真实的情绪，最后会慢慢变得因为不敢说实话而撒谎，不敢在父母面前表现害怕，在外受到欺负也不敢讲。个性倔强一点的孩子，如果长期生活在威胁逼迫的氛围中，从父母身上学到的就是以暴制暴，进入团体生活之后，也会用同样的方式和同伴相处，有的甚至会在成年后，以同样的方式反击父母，打骂威胁的教育不仅伤害孩子的身心，也伤害了亲子关系。

而且以暴制暴的处罚，在孩子年纪尚小没有反抗能力的时候，或许还算有效，但他们是真的服气，还是因为身材、力气比不上大人，所以只能被迫屈服？当他们逐渐长大，越来越具有反抗的能力，你认为这种动辄打骂的管教方式，孩子还能忍耐多久？已经有不计其数的研究证实了，经常被体罚的孩子，脑部发育会受到影响，容易形成反社会人格。这样看来，你还真的认为孩子"不打不成器"吗？

或许你会说："我打完孩子都会跟他道歉和好。""我打他骂他都是为他好。"你以为只是一时冲动的举动，却会在孩子心里留下难以磨灭的伤害。为什么不在你要开口责骂或动手管教前，三思再后行呢？

做不打骂孩子的家长，可以试试下面这些处罚方法。

罚站

让孩子面壁思过，但父母要确定自己是在心平气和的情况下，把孩子带到角落去思过冷静。

取消孩子喜爱的活动

例如，取消饭后甜点、禁止去公园、缩短或取消原定看电视的时间。

暂时没收孩子心爱的东西

如，没收心爱的玩具几天、脚踏车收起来几天不能骑。

让孩子为自己的行为负责

如打翻东西请他自己擦等。

六、不要用不当的奖赏和利诱管教孩子

另一种和打骂教育完全相反，但同样无法达到管教效果的，就是不当的奖赏和利诱。

“别哭了，爸爸带你去吃汉堡。”

“好啦！买给你就是了，别再吵闹了，可以吧？”

“你赶快把作业写完，妈妈就带你去买玩具。”

有的父母不管是在面对孩子的情绪失控，还是在管教孩子时，都用这种贿赂哄骗的方式达到目的，孩子或许乖乖听话了，但他们是真的心服口服，还是只为了获得父母承诺的奖品？

即使孩子接受父母的条件，停止哭闹发脾气了，他们的负面情绪只是因为得到奖赏，暂时被隐藏起来，等到下一次又有类似状况发生时，孩子学会怎么解决了吗？又或者父母只能再想别的奖赏，才能转移孩子的负面情绪？

再说，写作业、好好吃饭、收拾房间这些日常学习和生活中的事情，难道不就是孩子自己本来要负起的责任吗？为什么要用其他的条件来交换，孩子才肯动手？

前阵子有一则新闻，台中一名初中生，因为父母跟他约定好，只要考试成绩好，就买最新型的智能手机给他。

这名初中生为了得到手机，每天熬夜苦读，最后在无法如愿时竟然大吵大闹、拒绝上课，甚至扬言要自杀，无计可施的父母最后只好带着孩子去心理咨询师那里求助。

这对父母或许以为用智能手机当诱因，就能激发孩子用功读书的动力，但最后适得其反，孩子认为："我已经用功读书了，爸爸妈妈就应该给我买智能手机。"所以当结果不如预期时，孩子的情绪反应才会那么大。

不当的奖赏和利诱，不但无法导正孩子的行为，甚至会让他们变本加厉，习惯凡事都用交换条件的方式，才愿意听父母的话。"你买玩具给我，我就不哭。""你给我吃巧克力，我才把饭吃完。"原本是父母用来管教孩子的方式，最后变成父母被孩子牵着鼻子走，难道不是很可悲的一件事吗？

而且从小习惯跟父母谈条件的孩子，价值观也会变得偏差，会认为："没有利益的事，我才不去做。""虽然做这件事不对，但小心一点不要被发现，我就可以得到想要的金钱 / 东西了。"这种容易受到利诱的个性，会使他们长大之后难以抗拒外界的诱惑，极有可能犯下无法弥补的错误。

既然不可以用不当利诱，父母可以用哪些奖励方法呢？

真诚实际的口头赞美

不要小看父母对孩子的影响，即使只是短短一句："你把房间收拾得好整齐，妈妈觉得你好棒！"都能让孩子感受到父母对自己的重视与欣赏，这是再多物质也换不来的。

拥有某些特权

晚上可以多读一本故事、单独和爸爸或妈妈的一次约会等。

让孩子拥有平时没有的主导权

参与规划下一次的家庭旅行、让孩子决定想吃的晚餐等。

拉近家人距离的活动

全家一起看场电影、设计一次小小的家庭表扬会等。

曾经有人研究过，负面情绪只要20分钟就会传染给周遭的人。可想而知，如果家庭的每个成员都没有办法好好解决自己的负面情绪，可想而知，这个家庭的氛围会是多么糟糕。**在这种环境中成长的孩子，身心都会受到不小的冲击和伤害，这对他们未来的人格养成会造成负面的影响。**

如果孩子在你的引导之下，情绪失控的状况迟迟没有改善，或是孩子出现极度恐惧和他人接触、伤害自己或攻击别人等非正常的情绪反应，请不要碍于面子而拒绝寻求专业的帮助，因为**教好孩子的情绪功课，绝对是父母最重大也最不该推卸的责任。**

后 记

写这本书时，正逢老大脱离学前期，正式步入小学生活，老二进入难缠恼人的学步期。

所以常常前一秒还在处理哥哥害怕上学、担忧作业写不完的情绪，下一秒就听到妹妹因为积木堆不好的气馁哭声。处理孩子的情绪问题不烦人吗？当然烦人！我家的老大个性温和却敏感脆弱，告知他不可行的事，他会很快听从，但陷入负面情绪的他，常常要我花半小时左右的时间引导沟通，才能重拾安心的笑容。老二呢，虽然是女生，却超级外向、大大咧咧，不管是生气还是伤心，绝对在15分钟之内就结束，很快地转向其他活动中找快乐。但告知她不可行的事，她偏要自己试一次才肯罢休。两个孩子每天都在给我安排不同的情绪功课，而在写作这本书的过程里，我也好像重新反思了一次自己和两个孩子的相处方式。

我不是万能的母亲，绝对也有被两个孩子气得说不出话、想扔下他们出门静一静的时候。但生气过后回到现实生活，我明白教育孩子的责任还是在父母身上，失控甚至对孩子动手，就真的能够帮助他们处理好情绪吗？当然不能，所以我愿意多花一点时间和他们聊聊："可以告诉妈妈，你怎么了吗？""你很生气地告诉我这件事，是需要我帮什么忙吗？"我当然大可以抓过来打骂一顿，逼迫孩子不要再吵再闹，但是当看到他们在我的陪伴下，慢慢学会用说的方式向我表达他们的情绪："哥哥不借我玩具，我很生气。""妈妈你下次可以帮我提醒妹妹，不要拿我那个玩具吗？我不喜欢。"我就知道，我的坚持并没有错！

所以你说，孩子的情绪不应该被大人重视吗？当父母把孩子的情绪当作一门功课，和他一起修习时，一定可以慢慢看到成效，当别的孩子只懂得用哭闹表达需求时，从小学会和负面情绪共处的孩子，已经能够好好地告诉父母"我怎么了、我要什么"了。相信吗？2岁多的女儿，有一天竟然在我准备晚餐时，走进厨房一个角落告诉我："我想在这里发脾气。"

我从不认为自己是什么教养专家，我只是在养育两个孩子的过程中，真切体会到父母对孩子的影响多么重大，而我何其有幸拥有这样的机会，把自己的经验和想法，化成文字和大家分享。

愿我们都能在做父母的这条路上，和孩子一起越变越好，共享成长过程的酸甜苦辣。